地域農業を担う新規参入者

倪 鏡 著
NI Jing

吉田 俊幸 監修

筑波書房

目　次

第1章　新規参入をめぐる問題 ……………………………………………… 1
第1節　目的と問題意識 ……………………………………………………… 1
第2節　新規参入者の動向、課題及び支援策 …………………………… 4
　　1　増加する新規参入者 ………………………………………………… 4
　　2　新規参入者が直面する課題 ………………………………………… 7
　　3　新規参入に関する公的支援制度 …………………………………… 16
　　4　JAにおける新規就農（新規参入）支援 …………………………… 22
第3節　先行研究と課題設定 ……………………………………………… 25
　　1　新規参入に関するこれまでの研究 ………………………………… 25
　　2　課題設定と分析対象 ………………………………………………… 28

第2章　産地確立に成功する生産者組織による新規参入支援
　　　　　―群馬県倉渕地域の事例― ……………………………………… 33
第1節　倉渕地域における畑作農業の衰退と新規参入の実態 …… 33
　　1　従来の畑作農業の衰退 ……………………………………………… 33
　　2　新規参入者の実態 …………………………………………………… 35
　　3　地域における新規参入者の存在意義 ……………………………… 38
第2節　行政と生産者組織による二階建ての総合支援体制 ………… 43
　　1　総合支援体制の構築 ………………………………………………… 43
　　2　研修システムの構築 ………………………………………………… 45
　　3　販売先と結びついた技術・営農指導による就農後の支援 …… 47
　　4　確実な農地確保と複合的なルートによる農地の確保 ………… 51
　　5　住宅確保支援の重層性 ……………………………………………… 55
　　6　農業用施設、農業機械の支援による投資抑制 ………………… 57

第3節　新規参入者の経営展開 ……………………………………… 58
　　　1　新規参入農家の経営展開 ……………………………………… 58
　　　2　量的拡大から質的拡大への転換 ……………………………… 61
　　第4節　倉渕地域における新規参入の到達点 …………………… 67
　　　1　行政による支援体制の基盤整備 ……………………………… 67
　　　2　生産者組織による効果的な支援 ……………………………… 68
　　　3　新規参入者の自助努力 ………………………………………… 69
　　　4　地域に及ぼす影響 ……………………………………………… 70

第3章　JAが取り組む新規就農支援
　　　　―JA上伊那の新規就農支援事例― ………………………… 73
　　第1節　JA上伊那における新規就農支援事業 …………………… 73
　　　1　JA上伊那と管内の農業 ………………………………………… 73
　　　2　新規就農支援に取り組む経緯 ………………………………… 76
　　　3　就農ルート別支援体制の構築 ………………………………… 79
　　　4　農業インターン研修制度 ……………………………………… 81
　　第2節　新規参入者の事例 …………………………………………… 87
　　　はじめに …………………………………………………………… 87
　　　1　新規参入者から地域リーダーへ ……………………………… 88
　　　2　中山間地域の活性化に取り組む新規参入者 ………………… 96
　　　3　農業インターン研修制度を利用した農家子弟 …………… 100
　　　4　研修後法人への就職 ………………………………………… 102
　　　5　専門学校との連携から生まれた新規就農者 ……………… 103
　　　6　新たな団地建設による新規参入者の受入拡大 …………… 105
　　　小括 ……………………………………………………………… 106
　　第3節　JAによる新規就農支援の到達点と今後の展望 ……… 108
　　　1　JAによる新規就農支援の到達点 …………………………… 108
　　　2　今後の課題 …………………………………………………… 110

第4章　果樹産地における新規参入支援 ………………………… 113
　　第1節　果樹部門における新規参入の特徴と課題 ……………… 113

1	園地確保の難しさ	113
2	長期にわたる技術習得	114
3	効率化が図りにくい	114
4	長期化する不安定な経営	114

第2節　岡山県における新規参入支援の取り組み……115
1　岡山県における新規参入支援の仕組み……115
2　取り組みの実績及び新規参入者の特徴……116

第3節　総社市における新規参入支援……119
1　総社市における新規参入の概況……119
2　出荷組合が受け皿となる新規参入の取組実態……125

第4節　JA鳥取中央における梨産地復活……137
1　受入経緯および支援体制……137
2　新規参入者の事例……141

第5節　まとめ……144
1　JAが果樹の新規参入支援に取り組む意義……144
2　果樹部門の新規参入者育成に向けて……145

第5章　総括と展望……149
1　各章の要約と論点……149
2　残された課題……153

新規参入者の継続的参入・定着と地域農業の活性化
――「地域農業を担う新規参入者」へのコメント――（吉田俊幸）……159

あとがき……175

第1章
新規参入をめぐる問題

第1節　目的と問題意識

　これまで新規就農者の中でも少数の存在であった新規参入者は、近年担い手が不足するなかで、自助努力に加えて行政やJAなどの支援によって、その数が増加するとともに農業経営者として成長し、地域農業を支える存在へと位置づけが大きく変わりつつある。本書は、新規参入者に関する近年の社会的、政策的動向を踏まえ、新規参入支援の先駆的な地域を対象に、そこでの新規参入者の成長プロセス、地域社会への影響及びJAや行政などによる支援内容を明らかにするとともに、新規参入者の育成の方法について検討する。

　今日、日本農業における大きな課題の一つは、農業従事者の高齢化と担い手不足である。農林水産省の「農業構造動態調査」によれば、2017年の農業就業人口は181.6万人であり、2000年の389.1万人から53.3％と急減した。さらに、基幹的農業従事者数も240万人から150.7万人へと4割も減少した。そのうち、65歳以上は120.7万人で全体の66.5％を占める。その一方、49歳以下は1割、39歳以下に至ってはわずか5％であり、若い基幹的農業従事者は著しく少なくなっている。

　農業従事者の減少と高齢化が急速に進む中、持続可能な農業を実現していくためには、農業内外から青年層の新規就農を促すことが重要

とされている。農林水産省は2012年に「40歳未満の青年新規就農者を毎年2万人確保する」[1]とともに、2013年には「2023年までに40代以下（＝49歳以下筆者注）の農業従事者を、20万人から40万人に拡大する」[2]との目標を掲げた。そのために、青年就農給付金（現・農業次世代人材投資事業）をはじめ、国及び都道府県、地方行政、農業関連団体等による様々な新規就農促進策が実施されている。

　一方、この間新規就農者に関する公式統計の年齢区分は大きく変更された。2015年に農林水産省の「新規就農者調査」及び『食料・農業・農村白書』は、年齢区分をそれまでの「39歳以下」（もしくは40歳未満）を「49歳以下」（もしくは40代以下）に引き上げ、平成29（2017）年の『食料・農業・農村白書』では、49歳以下の新規就農者を「若手の新規就農者」[3]と定義した。年齢区分が変更された後の「新規就農者調査」の結果をみると、新規就農者数は2017年に55,670人で、青年就農給付金制度（現・農業次世代人材投資事業）が導入される前の2011年の58,120人より2,450人減少した。ただし、新規就農者のうち、49歳以下は20,760人で、2011年（18,600人）より11.6％増である。それに対して、データを再集計し抽出した39歳以下をみると、その数は14,550人であり、2011年（14,220人）より2.3％増にとどまる。つまり、この間「若手の新規就農者」はある程度増加しているが、「青年新規就農者」に限って言えば、政府の政策目標が打ち出される前とそれほど変わっていない[4]。くわえて、49歳以下の農業従事者数は2017年に32.6万人にとどまっており、40万人の目標までにはなお開きが大きい。

　ところで、新規就農者は就農形態によって、新規自営農業就農者、新規雇用就農者と新規参入者の3種類に分かれる。農林水産省の定義によれば、新規自営農業就農者とは、農家世帯員で、調査期日前1年間の生活の主な状態が「学生」及び「他に雇われて勤務が主」から「自

営農業への従事が主」になった者をいう。また、新規雇用就農者は、調査期日前1年間に新たに法人等に常雇い（年間7か月以上）として雇用されることにより、農業に従事することとなった者（外国人研修生及び外国人技能実習生並びに雇用される直前の就業状態が農業従事者であった者を除く。）をいう。さらに、新規参入者とは、調査期日前1年間に土地や資金を独自に調達（相続・贈与等により親の農地を譲り受けた場合を除く。）し、新たに農業経営を開始した者である。なお、2014年から共同経営者も含まれる。

　これまでは新規自営農業就農者が新規就農者の主流であったが、近年新規自営農業就農者は減少しており、一方、新規参入者は、新規雇用就農者とともに大幅に増加してきた。とりわけ「39歳以下」の新規参入者は新規就農者全体の12.4％を占めており、2007年（4.0％）より大幅に上昇した。つまり青年新規就農者においては、その1割強が新規参入者となっている。

　こうして存在感が高まりつつある新規参入者を支援し、経営発展を促しながら地域に定着させることは、今後の担い手問題を解決するためにますます重要になると考える。実際に新規参入者に対して近年様々な就農支援策が整備されつつあり、就農相談や技術の習得、住宅確保など就農時の問題はある程度改善されてきている。しかし、就農後の所得確保をはじめ、技術の向上、労働力の確保、販路の開拓などの経営課題を抱えている新規参入者がまだ多く存在しているため、これまで行われてきた入口対策に加え、経営発展を促進するように継続的に支援を行っていかなければ、地域農業を支える担い手としての定着は難しいと考える。

第2節　新規参入者の動向、課題及び支援策

1　増加する新規参入者

(1) 新規雇用就農者と新規参入者の増加とシェアの拡大

新規就農者数の推移をみると、表1-1のように、2007年には73,460人であり、それ以降減少傾向が続き、2017年に55,670人となり、10年間で24.2％減である。その中、新規自営農業就農者数は2007年に64,420人であったが、2017年には41,520人で、35.6％と大幅に減少している。一方、新規雇用就農者及び新規参入者は大幅に増加し、特に新規参入者は2017年が3,640人であり、2007年（約1,750人）の2.1倍である。つまり、新規就農者の減少は新規自営農業就農者の激減によるものであり、新規雇用就農者及び新規参入者はこの10年間で増加したのである。

表1-1　新規就農者数の推移

単位：人

区分	計		就農形態別					
		49歳以下	新規自営農業就農者	49歳以下	新規雇用就農者	49歳以下	新規参入者	49歳以下
2007年	73,460	21,050	64,420	14,850	7,290	5,380	1,750	820
2008年	60,000	19,840	49,640	12,020	8,400	6,960	1,960	860
2009年	66,820	20,040	57,400	13,240	7,570	5,870	1,850	930
2010年	54,570	17,970	44,800	10,910	8,040	6,120	1,730	940
2011年	58,120	18,600	47,100	10,460	8,920	6,960	2,100	1,180
2012年	56,480	19,280	44,980	10,540	8,490	6,570	3,010	2,170
2013年	50,810	17,940	40,370	10,090	7,540	5,800	2,900	2,050
2014年	57,650	21,860	46,340	13,240	7,650	5,960	3,660	2,650
2015年	65,030	23,030	51,020	12,530	10,430	7,980	3,570	2,520
2016年	60,150	22,050	46,040	11,410	10,680	8,170	3,440	2,470
2017年	55,670	20,760	41,520	10,090	10,520	7,960	3,640	2,710

出所：農林水産省「新規就農者調査」（各年次）
　　なお、2007年及び2008年のデータについては、「平成20（2008）年農業構造動態調査報告書（併載：新規就農者調査結果）」によっている。

また、49歳以下の新規就農者の推移をみると、2009年以降、2万人を割り込んでいたが、青年就農給付金制度（現・農業次世代人材投資事業）が導入された2年後の2014年に2万人を突破し、その後2万1,000人前後で推移している。そのうち、新規自営農業就農者は2014と2015年には13,240人、12,530人とそれぞれ一時的に増加したが、その後再び減少に転じ、2017年には10,090人となり、10年間で32.1％減である。さらに、2007年と2017年の49歳以下のシェアをみると、新規自営農業就農者が70.5％から48.6％へと大幅に低下しているのに対し、新規雇用就農者が25.6％から38.3％へ、新規参入者は3.9％から17.5％へとそれぞれ大きく伸びている。

以上のように、新規就農者のなかでは新規自営農業就農者が大半を占めるものの、新規雇用就農者や新規参入者の数は着実に増加し、彼らのシェアも高まっている。とくに49歳以下では、新規雇用就農者と新規参入者は過半を占めるようになった。

しかし、新規雇用就農者は、3年で約4割が離職しており、新規参入者は5年間で3割が離農していると言われているなか、新規就農者への経営安定、待遇改善など、様々な支援が課題となっている[5]。

（2）新規参入者における経営志向の高まり

全国農業会議所（全国新規就農相談センター）が実施した「新規就農者の就農実態に関する調査結果」で新規参入者の就農理由をみると、「経営」に関する理由、「自然・環境」に関する理由で割合が高い項目が多い（表1-2）。その中、経営に関する理由では、「自ら経営の采配を振れるから」が52.3％で、全項目のなかで割合が最も高い。また「農業はやり方次第でもうかるから」も38.2％で、約4割の回答者が就農理由として挙げている。さらに、「自然・環境」に関する理由では、「自

表1-2 新規参入者の就農した理由

単位:％

就農した理由		2006年	2010年	2013年	2016年
自然・環境	農業が好きだから	25.5	37.3	37.7	40.4
	自然や動物が好きだから	17.6	21.9	23.6	18.8
	農村の生活（田舎暮らし）が好きだから	16.5	23.9	18.4	16.2
安全・健康	食べ物の品質や安全性に興味があったから	13.7	20.4	19.8	20.0
	有機農業をやりたかったから	12.2	16.2	14.0	11.9
家族・自由	時間が自由だから	10.0	25.2	27.4	24.1
	家族で一緒に仕事ができるから	16.3	18.8	19.8	19.8
	子供を育てるには環境が良いから	6.1	9.1	11.2	10.0
経営	自ら経営の采配を振れるから	23.9	33.7	45.8	52.3
	農業はやり方次第でもうかるから	9.0	19.0	32.3	38.2
	以前の仕事の技術を生かしたいから	3.9	4.9	6.5	7.9
消極的	サラリーマンに向いていなかったから	5.1	10.0	13.8	16.6
	都会の生活が向いていなかったから	2.9	4.2	2.5	3.9
生まれ	農家のあととりだったから	-	-	8.1	1.6
	配偶者の実家が農家だったから	-	-	0.8	0.8

出所:「新規就農者の就農実態に関する調査結果」（一般社団法人全国農業会議所 全国新規就農相談センター）各年次

然や動物が好きだから」が18.8％、「農村の生活（田舎暮らし）が好きだから」は16.2％、「農業が好きだから」は40.4％と高い。

また、この間の変化をみると、「自ら経営の采配を振れるから」は、2006年が23.9％、2010年が33.7％、2013年が45.8％、今回が52.3％と、毎回の調査で上昇しており、10年前と比較して約30ポイントも上昇している。同様に、「農業はやり方次第でもうかるから」も割合が高まる傾向にあり、2006年が9.0％、2010年が19.0％で、2013年が32.3％、2016年が38.2％となっている。「農業が好きだから」といった仕事への好感とあわせ、農業経営者としての裁量や経済面での可能性に着目する新規参入者が増えていることがうかがえる[6]。和泉〔2018〕にも指摘されるように、「生き方」よりも「職業」の選択肢の一つとして選ぶ新規参入者が増えていることがいえる[7]。

なお、表には示していないが、就農時年齢層別にみると、50歳以上では「安全・健康」を選んだ割合が若い層よりも高く、40歳以下では、「経営」と「消極的」の割合が50歳以上よりも高い。60歳以上は、以前の調査より「農業が好きだから」63.0％（2013年50.0％）や「農村の生活（田舎暮らし）が好きだから」33.3％（2013年23.5％）は割合が高い。また、「経営」については若い層の方が選択する割合が高いが、60歳以上でも2013年よりも割合が高くなっている。2013年の調査では、「若年層＝経営志向、中高年層＝生活志向」の傾向が現れていたが、2016年の調査では、その傾向は依然として残るものの、全体的に経営志向が高まりつつあるといえよう[8]。

　なお、安全・健康に関する理由については、「食べ物の品質や安全性に興味があったから」は10年前の13.7％から20％へ上がっている。一方、「有機農業をやりたかった」は12.2％（2006年）→16.2％（2010年）→14.0％（2013年）→11.9％（2016年）と減少傾向に転じている。農産物の安全性に関心はあるものの、有機農業にこだわらなくなってきていることがうかがえる。

2　新規参入者が直面する課題

（1）就農時の苦労

　図1-1のように、新規参入者が就農時に苦労したこととしては、「農地の確保」「資金の確保」「営農技術の習得」が極めて高く、これまでと同様に3大課題であることに変わりがない。特に「農地の確保」と「資金の確保」が2016年の調査ではそれぞれ71.6％と71.2％と突出しており、しかもいずれも過去の調査を上回っている。「営農技術の習得」は2013年より若干低下しているが、54.0％とそれ以外の項目よりかなり高い。一方、「住宅の確保」「相談窓口のさがし」「地域の選択」などは

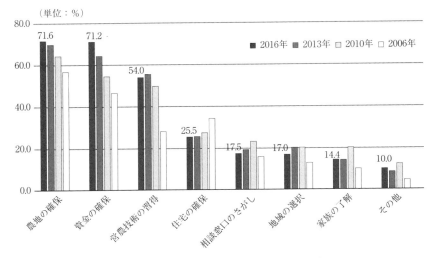

図1-1 就農時に苦労したこと（複数回答）

注：3つまでを順位付け選択で回答を得た。
出所：全国農業会議所（全国新規就農相談センター）が実施した「新規就農者の就農実態に関する調査結果」各年次

過去の調査と比べて割合が低下しており、各関係機関による支援措置の効果がある程度現れていると言えよう。以上のように、就農時における苦労した点として、経営資源の確保が依然として重要な課題であることが確認された。

（2）就農後の課題

新規参入者が就農後に抱える課題は（**表1-3**）、主に「所得が少ない」「技術の未熟さ」「設備投資資金の不足」「労働力不足」等である。

（ア）農業所得で生計をカバーできる割合が低い

前掲**表1-3**のように、就農後の最大の課題は「所得が少ない」こと

第1章 新規参入をめぐる問題

表1-3 新規参入者における作目別の経営面での問題・課題(複数回答)

単位:％

		所得が少ない	技術の未熟さ	設備投資資金の不足	労働力不足(働き手が足りない)	運転資金の不足	栽培計画・段取りがうまくいかない	農地が集まらない	販売が思うようにいかない
就農後経過年数	1・2年目	54.6	50.9	33.5	25.1	25.1	24.3	18.1	8.2
	3・4年目	59.6	44.9	33.0	34.0	22.4	16.6	15.8	13.0
	5年目以上	56.2	36.1	28.7	35.0	21.2	14.0	15.3	10.6
販売金額第1位の作目	水稲・麦・雑穀類・豆類	56.3	40.5	42.1	25.8	31.6	15.3	15.3	12.1
	露地野菜	57.7	48.2	32.8	28.9	22.0	25.0	18.6	10.9
	施設野菜	53.3	50.3	29.3	32.5	19.8	17.9	15.1	8.2
	花き・花木	58.8	45.9	30.6	31.8	28.2	24.7	10.6	7.1
	果樹	59.0	41.6	29.8	33.9	24.5	13.0	19.6	10.2
	酪農	15.4	42.3	42.3	38.5	19.2	3.8	0.0	0.0
	その他の畜産	38.5	25.6	53.8	17.9	30.8	12.8	20.5	10.3
	その他	68.0	34.0	36.0	24.0	34.0	12.0	14.0	12.0

出所:「新規就農者の就農実態に関する調査結果」(平成28(2016)年度) 一般社団法人全国農業会議所 全国新規就農相談センター

であり、「就農１〜２年目」では54.6％、「３〜４年目」が59.6％、「５年目以上」が56.2％と、新規参入者の半数以上となっている。また、作目別にみると、「所得が少ない」と回答したのは酪農（15.4％）以外いずれも高い。

　そこで、新規参入者の販売金額と農業所得の状況をみる。全国農業会議所の調査結果（**表1-4**）によれば、2016年における新規参入者全体の平均販売額は624万円（2013年比6.5万円増）であり、「就農１・２年目」が377万円（同51.2万円減）、「３・４年目」が608万円（同55.1万円減）、「５年目以上」が1,029万円（同127万円増）であり、就農後経過年数が長くなるにつれて販売金額が増加する傾向にある。なお、「１・２年目」及び「３・４年目」は2013年の前回調査に比べて減少している。

　また、**表1-5**によると、平均農業所得は109万円、「１・２年目」が54万円、「３・４年目」が117万円、「５年目以上」が191万円となっている。農業所得別にみると、「０円未満」が15.7％、「０円」が14.5％であり、両者で30.2％である。次いで「１〜50万円」が14.1％、「50〜100万円」が16.7％である。つまり、50万円未満が44.3％、100万円未満が61％を占め、300万円以上は9.8％にすぎない。

　「１・２年目」では、０円以下が39.5％、50万円未満が57.6％、100万円未満が75.8％であり、全体として極めて低い水準にある。「３・４年目」では、100〜300万円が33.1％と最も高いが、０円以下が27.6％、100万円未満が58.9％と低所得の新規参入者が６割を占めている。「５年目以上」では、300万円以上が21.3％、100〜300万円が39.0％と農業所得を確保しつつあるが、０円以下が18.0％、50万円未満が27.1％も存在している。

　さらに、新規参入者のうち、「概ね農業所得で生計が成り立っている」

第1章 新規参入をめぐる問題

表1-4 新規参入者における販売金額階層別構成と販売金額

単位：万円・％

	年次	平均値	中央値	標準偏差	100未満	100以上300未満	300以上500未満	500以上1,000未満	1,000以上2,000未満	2,000以上
合計	2013年	617.5	-	-	24.2	24.4	18.8	18.6	6.9	7.2
	2016年	624.0	320.0	1660.0	15.8	28.7	19.6	20.9	10.1	4.9
就農後経過年数	1・2年目 2013年	428.2	-	-	39.2	30.4	14.4	7.7	3.1	5.2
	1・2年目 2016年	377.0	333.0	515.0	24.9	34.7	19.2	12.5	6.1	2.7
	3・4年目 2013年	663.1	-	-	9.8	24.1	25.9	28.6	7.1	4.5
	3・4年目 2016年	608.0	333.0	1373.0	12.6	30.9	21	21.2	10.1	4.1
	5年目以上 2013年	901.8	-	-	8.9	18.8	18.8	29.7	11.9	11.9
	5年目以上 2016年	1029.0	586.0	2762.0	4.8	18.3	18.3	32.5	16.7	9.5

出所：「新規就農者の就農実態に関する調査結果」（全国農業会議所）各年次
注：2013年の調査では平均値のみである。

表1-5 農業所得階層別構成と販売金額（2016年）

単位：万円・％

	平均値	中央値	標準偏差	0未満（マイナス）	0	1以上50未満	50以上100未満	100以上300未満	300以上500未満	500以上1,000未満	1,000以上
合計	109.0	60.0	310.0	15.7	14.5	14.1	16.7	29.2	5.9	2.9	1.0
就農後経過年数 1・2年目	54.0	24.0	148.0	21.8	17.7	18.1	18.2	19.6	2.5	1.7	0.3
3・4年目	117.0	60.0	438.0	13.4	14.2	13.0	18.3	33.1	4.7	2.6	0.6
5年目以上	191.0	127.0	292.0	8.9	9.1	9.1	12.6	39.0	13.2	5.4	2.7

出所：「新規就農者の就農実態に関する調査結果」（全国農業会議所）平成29（2017）年

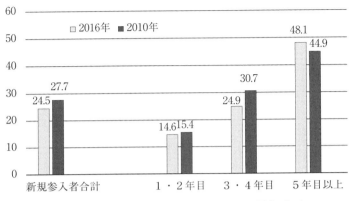

図1-2　農業所得で生計が成り立っている割合（％）

出所：全国農業会議所（全国新規就農相談センター）が実施した「新規就農者の就農実態に関する調査結果」各年次

（図1-2）が24.5％である。就農年数をみると、「1・2年目」が14.6％、「3・4年目」が24.9％、「5年目以上」でも半分程度の48.1％である。前掲表1-5の所得が高い層から生計が成り立つと仮定すると、「生計が成り立っている」所得階層が含まれるのは、「100〜300万円」にあたる。この所得階層の中には生計が成り立っていない新規参入者も含まれていることから、300万円以上の所得が必要であると考える。しかし300万円未満の所得にある新規参入者の割合は高く、5年目以上でもこうした所得を確保できず、生計が成り立たない新規参入者も多い。

　また、同調査結果によれば、「生計が成り立っていない」者のうち、「農業所得による今後の生計の目処」については、「今後、目処が立ちそうだ」が72.7％、就農経過年数ごとでは「1・2年目」が76.4％、「3・4年目」が72.6％と高い比率となっている。一方、「5年目以上」では60.4％にとどまっている。

以上のことを踏まえると、新規参入者における「所得の少ない」ことの意味は就農年数によって異なり、「1・2年目」と「3・4年目」は所得の絶対額が少ないことであり、「5年目以上」では、農業所得で生計が成り立たないことを示唆している。

　また、同調査の「生計が成り立っていない」者における所得不足分の補填方法（複数回答）をみると、「青年就農給付金」が41.3％ともっとも多い。「農業以外の収入等（家族の農外収入を含む）」は、21.9％（2013年比5.5ポイント減）、「就農前からの蓄え」は21.3％（同22.7ポイント減）である。青年就農給付金によって、農外収入や貯金の取り崩しが大幅に減少した。生計の維持において、青年就農給付金は役割を果たしていると言える。

(イ)「技術の未熟さ」「設備投資資金の不足」及び「労働力の不足」等の課題

　前掲表1-3が示したように、就農後の経営に関する個々の課題は、主に、「技術の未熟さ」、「設備投資資金の不足」及び「労働力の不足」等である。

　まず、「技術の未熟さ」は、就農「1・2年目」が50.9％であったが、5年目以上になると36.1％に低下しており、就農の経過後、徐々に技術を習得し、向上する傾向にある。一方、5年が過ぎても「技術の未熟さ」を抱える新規参入者が1/3以上存在している。この数字は、「農業所得で生計が成り立っていない」及び「目処が立っていない」と関係があると考えられる。

　次に「設備投資資金の不足」及び「運転資金の不足」を挙げているのは、20～30％程度ある。就農の経過年数を経てもほぼ横ばいであり、資金の確保に苦労している新規参入者が存在している。「設備投資資

金の不足」に関して「その他畜産」が53.8％と最も高く、次いで、「酪農」の42.3％、「水稲・麦・雑穀・豆類」の42.1％となっており、土地利用型作目と畜産では多額な投資資金が必要とされることが原因と考えられる。なお、「運転資金不足」では「水稲・麦・雑穀・豆類」が31.6％と高く、収穫が年1回ないし2回であり、その間の運転資金が必要となっていることが原因だと思われる。

　また、「労働力不足」は、「1・2年目」の25.1％から「5年目以上」の35.0％へ上昇している。この要因は、経営規模の拡大にともなう新たな労働力需要が生じたが、確保できないことを示している。

　以上のように、新規参入者にとっては、就農直後では「技術の未熟さ」が最大の課題であったが、5年目以降では、経営発展にともなう新たな「資金不足」「労働力不足」等が課題となっている。

（3）農地の殆どが借地、規模拡大と現状維持に二分化

　次に新規参入者の農地取得状況を分析するが、まず就農時の状況（表1-6）を見る。

　就農時の全国平均経営面積は、2016年に118.3aであり、2013年（159.7a）、2010年（284.0a）と比べて大幅に減少している。北海道では、2016年の平均経営面積は1,104.4aであり、2013年（1,155.2a）と2010年（1,553.4a）に比べ、それぞれ50.8aと449aの減少である。都府県では、2016年が70.2aであり、2013年（82.9a）、2010年（101.7a）と比べ、それぞれ12.7aと31.5a、こちらも大きく減少している。また、就農後経過年数「1・2年目」は95.7a、「3・4年目」が110.1a、「5年目以上」が187.1aであるが、中央値はそれぞれ44.0a、50.0aと41.0aであり、「5年目以上」の標準偏差が800.9aと他よりも大きくなっている。このことは、「5年目以上のなかに、とくに就農1年目に大きな経営面積があっ

た」⁽⁹⁾ことを示唆している。

　都府県に限定すると、平均経営面積70.2aのうち、借入面積が94.7％の66.4aであり、中央値では経営面積42.0aで借入面積が95.2％の40.0aであり、つまりその殆どが借地となっている。2010年の調査では、借入割合が60.8％であったことから、その後、就農時の農地取得は借入に特化していると推測できる。

　購入農地面積は、同調査結果によれば⁽¹⁰⁾、2016年に都府県では30a未満が26.2％、30〜50aが26.9％であり、50a未満が53.1％を占めている。購入農地の10a当たり価格は、北海道では30万円未満が58.1％、30〜50万円が34.9％であり、両者で93％を占めている。都府県でも30a万円未満が38.2％となり、2013年調査と比べ、12.1ポイント上昇している。都府県では、就農時では借地中心の農地取得であるが、農地購入する場合でも低価格の農地を購入する傾向が強まっている。

　また、現在の農地状況をみると（表1-7）、2016年に北海道では平均経営面積が1,158.9a、借入地が34.9％であるが、都府県では平均経営面積が118.8a、借入地は94.6％を占めており、借入地が殆どである。

　さらに、「１・２年目」の平均経営面積は121.7a、「３・４年目」が173.3a、「５年目以上」が269.6aである。「５年目以上」が「１・２年目」の倍以上となっている。また、就農１年目の経営面積と現在の経営面積の対比をみると、中央値では就農１・２年目で130、就農３・４年目で150、就農５年目以上で200となっており、経営規模の拡大がかなり行われていることがうかがえる。一方、「平均値は中央値程増加しておらず、標準偏差が大きくなっていることから」、規模拡大する新規参入者とそうでない者に分かれていると推測される⁽¹¹⁾。

表1-6　就農時の農地状況

		経営面積						2010年	2013年
		2010年	2013年	2016年					
		A1 平均値	A2 平均値	A3 平均値	B3 中央値	標準偏差		C1 平均値	C2 平均値
全国計		284.0	159.7	118.3	45.0	506.1		113.5	117.3
北海道計		1553.4	1155.2	1104.4	200.0	1961.0		473.6	691.2
都府県計		101.7	82.9	70.2	42.0	176.1		61.8	77.1
就農後 経過年数	1・2年目	195.3	107.9	95.7	44.0	383.6		83.7	107.5
	3・4年目	318.9	106.1	110.1	50.0	413.6		127.3	80.9
	5年目以上	339.8	330.2	187.8	41.0	800.9		133.0	152.8

出所：「新規就農者の就農実態に関する調査結果」（全国農業会議所）各年次
注：2010年と2013年の調査では平均値のみである。

表1-7　現在の農地状況

		経営面積					借入面積					
		2010年	2013年	2016年			2010年	2013年	2016年			
				A 平均値	B 中央値	標準偏差			C 平均値	D 中央値	標準偏差	
全国計		440.6	242.1	165.1	65.0	514.5	181.8	167.6	125.4	60.0	283.1	
北海道計		1922.6	1405.4	1158.9	204.5	1944.6	574.5	843.3	404.8	93.5	790.5	
都府県計		204.4	141.5	118.8	60.0	229.4	118.4	115.5	112.4	60.0	225.7	
就農後 経過年数	1・2年目	221.5	143.6	121.7	58.0	399.7	115.3	136.6	94.9	55.0	198.6	
	3・4年目	444.6	190.6	173.3	76.5	442.2	205.7	162.0	145.4	70.0	286.1	
	5年目以上	540.5	467.1	269.6	80.0	798.4	207.4	204.4	177.6	70.0	423.6	

出所：「新規就農者の就農実態に関する調査結果」（全国農業会議所）各年次
注：2010年と2013年の調査結果は平均値のみである。

3　新規参入に関する公的支援制度

（1）新規参入に関する支援政策の展開

　新規参入者に関する支援制度が、全国的にスタートしたのは1987年の新規就農ガイド事業以降である。特に1993年からの「青年農業者育成確保推進事業」、1995年の「青年の就農促進のための資金の貸し付け等に関する特別措置法」等により、新規参入者に対する支援体制の整備は急速に進行した。新規参入する際の一つの問題である資金に関しては、1994年の就農支援資金の創設以降、就農研修資金、就農準備資金に加え、2000年には就農支援資金の貸し付け範囲が拡充し、経営

単位：a、%

借入面積			借入割合			
2016年			2010年	2013年	2016年	
C3 平均値	D3 中央値	標準偏差	C1/A1 平均値	C2/A2 平均値	C3/A3 平均値	B3/D3 中央値
83.2	40.0	275.2	40.0	73.5	70.4	88.9
427.4	100.0	933.6	30.5	59.8	38.7	50.0
66.4	40.0	175.5	60.8	93.0	94.7	95.2
69.3	40.0	159.1	42.9	99.6	72.4	90.9
85.7	40.0	240.3	39.9	76.2	77.8	80.0
115.5	40.0	471.0	39.1	46.3	61.5	97.6

単位：a、%

借入割合				対就農時（就農時=100）							
2010年	2013年	2016年		経営面積				借入面積			
		C/A 平均値	B/D 中央値	2010年	2013年	2016年 平均	2016年 中央	2010年	2013年	2016年 平均	2016年 中央
41.3	69.2	76.0	92.3	110	150	120	140	140	140	140	150
29.9	60.0	34.9	45.7	120	120	100	100	120	120	90	90
57.9	81.7	94.6	100	200	170	140	140	190	150	150	150
52.1	95.1	78.0	94.8	110	130	110	130	140	130	130	140
46.3	85.0	83.9	91.5	140	180	150	150	160	200	160	180
38.4	43.8	65.9	87.5	160	140	130	200	160	130	160	180

開始から5年間に必要な施設の設置、機械の購入費、種苗・肥料費等の運転資金までが貸付対象になった。ただし、「対象者は、原則として15歳以上30歳未満の青年と、55歳未満の青年以外で近代的な農業経営を担当する者」に限定されていた。

　就農支援政策が大きな転換を迎えたのは2012年であった。農水省はそれまでの「就農支援資金制度」を廃止し、青年の就農意欲の喚起と就農後の定着を図るため総合的に支援する「新規就農総合支援事業」を創設した。政策目標として「青年新規就農者を毎年2万人定着させ、持続可能な力強い農業の実現を目指す」を掲げた。当初事業は、青年

就農給付金事業と農の雇用事業[12]から構成される「新規就農者確保事業」と、高度な農業経営者教育機関等を支援する「農業者育成支援事業」の二本柱を立てていた。その後、見直しにともない、事業名が変更されたが、現在の新規就農支援政策の基本的な枠組みはこの時に確立された[13]。なお、2014年に就農準備資金が廃止され、青年等就農資金が新たに創設され、それまでの制度より年齢制限と借入条件が緩和され、就農資金面での支援も充実が進んだ。

(2) 青年就農給付金事業の実施

青年就農給付金（現・農業次世代人材投資事業）事業は、新規参入者及び新規参入者と同等の経営リスクを負う経営継承者に国費を投入するということもあり、創設当時から注目を浴びた。ここで青年就農給付金について、その政策内容の変遷を整理する。

まず、創設当時の事業概要は以下の通りである。青年就農給付金は、準備型（就農前の準備段階）と経営開始型（就農初期段階）の2種類に分かれる。準備型は、県農業大学校等の農業経営者育成教育機関、先進農家・先進農業法人で研修を受ける場合、原則として45歳未満で就農する者に対し、研修期間中について年間150万円を最長2年間給付するものである。経営開始型の対象者は、市町村の地域農業マスタープラン（2013年からは人・農地プラン）に位置付けられた、原則45歳未満の独立自営就農者であり、独立しない親元就農は含まないが、親からの経営継承（親元就農から5年以内）や親の経営から独立した部門経営を行う場合も含まれる。これらの対象者に、年間150万円を最長5年間給付するが、所得が250万円以上ある場合は給付が終了する。

この制度は2012年に開始後、大幅な見直しが3回行われた。1回目は実施3年目の2014年であった。この時、準備型について、研修終了

後1年以内の親元就農者が交付対象として新たに追加された。ただ、その場合、「5年以内に経営を継承するか又は共同経営者になるか」の条件が課せられた。また、経営開始型に関して、親元就農のケースを念頭に置き、農地は親族からの貸借が主であっても給付対象とするが、ただし5年間の給付期間中に所有権を移転しない場合は全額返還しなければならない[14]。

2回目は、2015年に経営開始型について、前年の所得が250万円を超えた場合は給付停止とする現行の仕組みを改め、前年の所得に応じて給付金額を変動させ、所得向上に伴って給付金と所得の合計額が増加する仕組みが導入された。

3回目は2017年に新規就農・経営継承総合支援事業を農業人材力強化総合支援事業に改めたことにともない、青年就農給付金事業も農業次世代人材投資事業となった。そうした中で、経営開始型に関して、交付3年目に経営確立の見込み等について中間評価を行い、支援方針を決定することとともに、新規交付対象者から、早期に経営確立し、さらなる経営発展に繋がる取組を行う者に対し、最大150万円（又は3年目交付額の2倍のうち低い額以内の額）を交付し、事業から卒業を促す措置が追加された。

以上のように、青年就農給付金（現・農業次世代人材投資事業）を振り返ってみると、交付対象に関する要件は徐々に緩和してきたと同時に、就農後経営の自立・経営発展に向けての努力を促す対策が取られてきたことがわかる。

（3）青年就農給付金（現・農業次世代人材投資事業）事業の交付実績と効果

青年就農給付金（現・農業次世代人材投資事業）事業の交付実績に基づき、その効果をみてみる。

図1-3 青年就農給付金の給付実績

注：制度改正のため、2016年は次世代農業人材育成事業の交付実績となっている。
出所：農林水産省「青年就農給付金事業の給付実績について」各年次

　図1-3のように、事業開始後の6年間、交付実績全体は増加傾向で推移してきた。特に、最初の4年間での増加率が高く（2013年対前年比48.0％増、2014年同23.9％増、2015年同12.9％増）、2015年以降は増加率が徐々に鈍化した。また、類型別にみると、経営開始型は全体の傾向とほぼ同様に推移しており、受給者数は2012年の5,108人から2017年の12,672人へと、2.5倍になった。一方、準備型は2015年まで増加していたが、その後減少に転じ、2017年には2,342人となり、2015年のピーク時に比べて135人減少している。
　また、新規参入者全体の受給状況を見ると（**図1-4**）、就農10年以内の新規参入者のうち、準備型を受給した者は全体の7.6％、経営開始型を受給した者は60.8％、両方の受給者は21.7％であり、新規参入者の約9割が青年就農給付金（現・農業次世代人材投資事業）を活用したことになる。

第1章　新規参入をめぐる問題　21

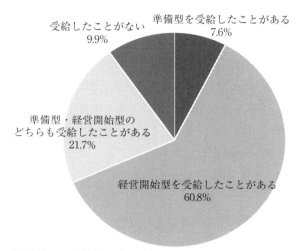

図1-4　新規参入者（就農10年以内）における青年就農給付金受給状況

出所：全国農業会議所（全国新規就農相談センター）の「新規就農者就農実態に関する調査結果―平成28年（2017年）」

さらに、同調査によれば、青年就農給付金実施後、新規参入者の就農までの期間が短くなっている[15]。情報収集など具体的なアクションを起こしてから就農に至るまで、1年半未満の割合は、20歳代で46.3％（2013年と比べて11.0％増）、30歳代で36.0％（同5.2％増）、40歳代で32.6％（同2.9％増）であり、若い世代ほど具体的なアクションを起こしてから就農までの期間が短くなる傾向にある。

　以上のように、青年就農給付金（現・農業次世代人材投資事業）開始以来、交付実績は全体として増加傾向にあり、そして新規参入者の約9割が当事業を利用している。また、青年層の新規参入者が就農までの期間が短縮されていることは、青年就農給付金制度が青年層の就農を後押しているといえる。

　さらに前述したように、就農初期に農業所得の不足分を青年就農給

付金によって補填する新規参入者が多く存在し、生計維持の意義が大きい。こうした状況のなか、前掲表1-1で見たように、事業開始後に新規参入者数はそれまでの年間2,000人前後から3,000人を超え、2017年の新規参入者数（3,640人）は制度導入前の2011年（2,100人）の1.7倍となっている。このようなことから事業の実施は新規参入者を増やす効果があったといえよう。

ただし、ここ数年準備型受給者の増加が若干鈍化しており、事業の活性化につながる対策が求められていることも指摘しておきたい。

4　JAにおける新規就農（新規参入）支援

（1）JAグループの新規就農（新規参入）対策

JAグループによる新規就農支援はこれまで主に地域のJA（単協）が、農家の後継者支援を行ってきた。そこには地域農業を支える担い手の不足や産地維持など現地の課題から迫られて取り組まれてきた側面がある。

近年では、JAの組織基盤である組合員、とりわけ正組合員の高齢化が待ったなしの状況にまで進展してきている。全JA調査によれば、70歳以上の正組合員は187万人であり、正組合員の46％を占める。こうした状況のなか、地域のJAの個別対応とともに、JAグループ全体での取り組みを強化していくことが求められていた。

そこで、2011年6月にJA全中が「新規就農支援対策の手引き」を策定し、そのなかで初めて農家後継者以外、農外からの新規参入者の受け入れが必要であり、そのために行政・関係機関と一体となって、「募集→研修→就農→定着」までの一貫した支援体制を構築しなければならないとの内容が明記された。

それに続き、第26回（2012年）、第27回（2015年）の2回にわたっ

てJA全国大会では、新規就農者対策の強化策として「新規就農者支援パッケージ」の確立を決議した。具体的には、①JA・連合会・中央会は、関係機関と連携し、徹底した情報発信を行うとともに、新規就農者に対して、募集から研修、就農、定着にむけ、JAグループによる一貫支援体制「新規就農者支援パッケージ」を確立する。②JAは、新規就農者の定着促進のため、生産部会による受入れやJA出資型法人での農業研修をすすめ、応援プログラムの活用による営農開始・立ち上げ支援や農業経営の円滑な継承等の対策を強化する。③連合会・中央会は、新規就農に関する情報発信や関係機関との連携強化等をすすめ、応援プログラムの活用促進を図ると、連合会および単協JAの役割分担と具体的な取り組み内容を示した[16]。

以上のように、国が新しい新規就農支援政策を実施したのとほぼ同じタイミングで、JAグループも支援対象の拡大や支援措置の拡充など、新規就農とりわけ新規参入に対する支援策を強化してきた。

（2）新規就農（新規参入）支援の取組の実態

次にJAにおける新規就農（新規参入）支援の実態をみてみる。

図1-5はJAによる新規就農（新規参入）への支援の実施状況である。それによれば、2016年に回答した350JAのうち、募集から定着までの一貫した支援体制が構築されているのは53.6％であり、2013年と比べて26.3ポイントと大幅な増加である。募集、研修、就農、定着の4段階、計13項目の支援の中で、取組割合が5割を超えているのは、募集のための「窓口設置」（55.5％）、就農時における「特別な融資対応等」（60.7％）、「就農計画策定支援」（54.3％）と「農地の斡旋」（50.3％）、定着に向けた「地域ネットワーク、部会、青年部への参加支援」（68.5％）の5項目にとどまる。定着のために必要な「住宅の斡旋等」は18.3％

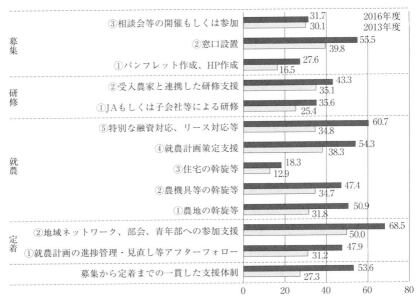

図1-5 JAによる新規就農者への支援対策の実施状況

出所：全JA調査（各年次）より筆者作成

と最も低く、2割にも満たない。

　以上のように、現状では募集から就農まで一貫した支援を行うJAが大幅に増えているものの、全体として取組の割合はまだ低い。また、取組内容を見ると、割合が高いのは、融資や組織参加などの従来組合員に行う事業の一環となるものが多く、研修や住宅等の新規参入者が特に苦労する課題に対しての支援はまだ不十分である。また、前述したように、新規参入者が就農後に「所得が少ない」「技術の未熟さ」「設備投資資金の不足」「労働力不足」等の課題を抱えていることを踏まえて考えると、JAの強みである営農指導力、地域農業をマネージメントする能力を活かした支援策が求められていると考える。

第3節　先行研究と課題設定

1　新規参入に関するこれまでの研究

　新規参入者に対する研究が本格的に行われ始めたのは、1970年代後半からである。最初に新規参入者に着目した坪井［1978］は、農業における人的資本の供給基盤が縮小を続けるにもかかわらず、農業を職業として選択する非農家出身者を拒否するような当時の農業界を批判し、従来とは異なる感覚を持った新規参入者の役割に期待するとともに、「土地」、「資金」、「地域の制約」及び「技術習得」を参入障壁として提示した。

　1980年代の初めには、リース事業により新規参入者に対する支援を始めた北海道において新規参入者の経営分析を行った研究が多くみられる。志賀［1987］は、ハード面を中心とした支援対策であるリース事業の問題点を分析し、松木［1992］は、新規参入者の定義と類型化を行い、新規参入者の実態を通じて、新規参入者に対する市町村・農協の役割を分析している。なかでも松木は、新規参入者を担い手問題としてとらえることを提起し、「農業への新規参入者問題は既存の家族農業経営の衰退状況の中での担い手問題として位置づけられるのであり、個別農家による農業労働力再生産メカニズム以外のところでの担い手形成問題」であろうと指摘する。また、稲本［1986］は参入障壁の制約による実態を分析したうえ、技術の取得と信用の形成に長期間を要し、時間的コストがかかることも指摘する。一方、田畑［1994］は、北海道の浜中町の事例を通じて新規参入者対策の有効性を分析した。その分析は、リース事業や研修農場による独自の研修制度、そして新規参入者への助成制度など、各機関が連携して手厚い支援・受入体制を確立することは市町村レベルでの新規参入対策として有効であ

ることを指摘した。

　1980年代の中頃には経済・雇用情勢の変化や都市住民の農業・農村に対する意識の変化を背景に新規参入者が次第に増加し、北海道だけではなく、都府県にも新規参入者が多くみられるようになった。就農支援政策においても、1987年の新規就農ガイド事業の開始とともに、新規参入者に対する全国的な支援体制が本格的にスタートした。就農者数の増加に伴い、新規参入者の性格が多様化し、類型化して把握する必要性が提起される。岸［1986］は、新規参入者の実態調査から、プロ型－自給型というように二つに分類し、それぞれが、自作地型－借地型、過疎地型－都市近郊型、大規模型－小回り型、通常（伝統）型－エコロジー（有機、省農薬）型、農協出荷型－消費者直結型、経済型－哲学型という特徴を有することを指摘した。品部［1987］は、新規参入者の就農前のキャリアの視点から、「学卒」と「脱サラ」、「転業」の3タイプに分類を行ったうえ、職業選択に加え産業としての農業の就業上の特徴を分析した。

　1990年代に入っては、秋津［1993］が「生活志向」と「事業志向」といった区分によって分析を行った。このようなタイプ分けとともに、新規参入者の分析として行われているのが、農業後継者と比較した場合には、参入・継承コストの高さ、すなわち、新規参入者を起業者としてみる視点である。その研究を代表する一人である稲本は、農業後継者の継承コストと新規参入者の創業コストを比較し、新規参入者が農業後継者と比較して多くの不利な条件があること、しかし、新規参入者は、今後の農業経営に新しい可能性を提示し、また周りの農家に与える影響も大きいことを指摘している。

　1990年代後半から支援方策に関する研究が活発に行われるようになっていった。江川［1999］は、新規参入者の受け入れ機関である市

町村のアンケート調査、さらに新規参入者の実態分析、アンケート分析から、農業経営として起業する際の問題点と支援方策について言及した。その後、江川［2000a］［2002］［2003］は新規参入者と受け入れ側の双方への一連の調査から農業への新規参入を「創業」問題と明確に位置付け、「支援」と「創業」の関係を実際の事例から分析することで、創業支援の方向性について検討した。また、新規参入者と受け入れ側（支援主体）の相違から新規参入を、①公的機関の支援を受けて就農する公的支援活用型、②民間の農業法人等に一定期間従事しその経営ノウハウの習得をもって独立就農する民間支援活用型、③①と②の中間に位置する農協支援活用型、④創業支援をほとんど受けずに独力で就農する独自（参入）型の4つのタイプに分類し、タイプ別「創業」の特徴を明らかにしている。また、農協による新規参入支援は、農地保有合理化事業や不動産事業によって手厚い支援が可能となるが、農協自体には実践的な農業技術・農業経営のノウハウがないために、実践的指導ができない問題点を指摘した。さらに、就農後の出口対策として、新規参入者の経営・生活状態をいかにフォローアップするかが重要だと指摘した（［2012］）。江川とほぼ同時期に新規参入支援の研究に取り組んでいたのは澤田である。澤田［1997］［2003a］［2012a］は、新規参入対策の現場を対象とし、公的機関による新規参入支援の実態を分析したとともに、支援を実践する上でのポイントや検討課題を明らかにした。また、澤田［2011］は多様な新規参入ルートの一つとしてフランチャイズ型農業における新規参入の利点と課題も分析した。

　一方、新規参入者の創業後の経営展開に関する研究蓄積は限られている。藤栄・江川［2003］は創業段階の経営資源獲得状況がその後の経営成長を規定していることを指摘した。島［2014］は新規参入プロセスにかかわる枠組みとして、新規参入者の経営の確立、地域におけ

る新規参入支援、新規参入者の地域への溶け込みという三つの側面から施設野菜での新規参入を検討し、創業後の経営プロセスを示した。また、農協による新規参入支援は、豊富な支援メニューによる支援の総合性と合わせ、創業後の経営ステージに合致した支援の適時・継続性を両立させる意義があることを指摘した。

2 課題設定と分析対象
(1) 分析視点と課題

これまでの新規参入に関する一連の研究分析をみると、(起業の)経営的視点から新規参入者の経営確立に関する研究と、政策・制度的視点から新規参入の支援システムに関する研究が多くを占める。しかし、定着を果たした新規参入者が地域社会にいかなるインパクトを与え、その後、地域社会をどう変容させていったのか、すなわち地域の視点から新規参入への分析はほとんどなされていない。

一方、実態をみれば、都府県でも20年以上長期にわたって新規参入者の受け入れに取り組んできた地域が多くみられるようになり、今や新規参入者は地域では珍しい存在ではなくなっている。一部の地域においては、地域農業の担い手に成長した新規参入者が、点的から面的に広がり、層として形成されつつある。そのため、新規参入については、従来の経営的視点、政策・制度的視点に加え、地域の視点からの分析が必要とされている。

本書は、既往研究を踏まえ、以上の三つの視点から次のような課題を検討する。

まず、多様な新規参入支援に取り組む主体に着目し、支援策の内容、実施方法を検討しつつ、有効な新規参入支援の方策を考察する。支援主体として、これまでの公的機関が如何に支援内容の強化・改善によ

り新規参入支援の有効性を高めたかを分析しつつ、実際に新規参入者の受け皿となった生産者組織やJAの出荷組合等の支援実態を明らかにする。

　その次、新規参入者の就農準備、経営独立、経営展開を含む農業経営者としての一連の成長プロセスをフォーカスし、その内実を解明する。とりわけ、既存の研究にあまり触れられていない新規参入後の経営の展開状況について、10年間にわたり特定した新規参入者らへの追跡調査を中心に段階的な経営拡大過程を明らかにする。

　最後に、面的な存在となった新規参入者が地域で発揮する役割について検討する。新規参入者が地域に定着したことがもたらした影響については、これまで主に新規参入者の個人経営の展開にとどまっていた。しかし、地域によっては多数の新規参入者が定着しており、場合によっては既存農家数に匹敵する新規参入者が存在する地域に関しては、彼らが発揮する役割は一農業者を超え地域の農業に影響を与える域に達している。本書はこうした新規参入者が果たす役割を農業の担い手、産地の維持・発展、そして地域社会の活性化など、様々な側面から分析する。

（２）分析対象と本書の構成

（ア）分析対象

　本書は、まず新規参入支援の先駆的な地域を対象として、その支援策の内容、支援体制の構築、さらに課題の解決などについて考察する。また、考察にあたって、支援主体の特徴を念頭に置き、生産者組織、JA本所主導そしてJA出荷組合主導などの異なる支援主体による新規参入支援の取り組みを取り上げる。

　作目については、本書は露地野菜と果樹に限定する。その理由は、

まず露地野菜と果樹は施設野菜と合わせ、新規参入者における経営作目のトップ3であり、両者だけでも全体の4割以上を占めており、新規参入者を研究する上で重要な作目である。次いで、労働集約型の施設野菜と比べて、露地野菜と果樹は農地への依存度が高く、それ故に地域との関係もより経営内容に影響すると考える。

　（イ）各章の位置づけ
　本章に続く第2章では、群馬県高崎市倉渕町の新規参入支援を事例に、中山間地域における生産者組織が新規参入支援を通じて、有機野菜産地を確立することを明らかにするとともに、新規参入者らの経営展開と地域で果たす役割を分析する。
　第3章では、長野県JA上伊那が取り組む新規就農支援を取り上げ、多様な就農ルートに対応する支援の仕組みと実態を分析したうえ、新規参入者の経営実態および地域リーダーとして発揮する役割を考察する。
　第4章では、岡山県と鳥取県における新規参入者支援の事例を取り上げ、公的機関による連携体制の下で、新規参入による果樹の維持・発展の実態を明らかにする。
　上記各章での分析を踏まえ、第5章では各章を要約し、残された課題を述べる。

注
（1）「次世代の農林漁業経営者の育成に向けて」（農林水産省平成24（2012）年4月）には「持続的で力強い農業構造を実現するには、今後基幹的に農業に従事する者は90万人必要であり、これを65歳以下の年齢層で安定的に担うには、毎年2万人の青年層の新規就農者を確保する必要。近年の青年層の新規就農者は約1.5万人程度であるが、定着しているのは約

1万人であり、これを倍増させることが必要」と記される。また、平成25（2013）年『食料・農業・農村白書』にも同様な記述があった。
（2）詳細は「日本再興戦略―JAPAN is BACK―」（平成25（2013）年6月14日閣議決定）を参照されたい。
（3）「平成29（2017）年の『食料・農業・農村白書』の特集「次世代を担う若手農業者の姿〜農業経営の更なる発展に向けて〜」には、「平成28（2016）年の新規就農者数は6万150人となり、うち49歳以下の若手新規就農者は2万2,050人と36.7％を占めています。」と記述されている。詳細はp.19を参照されたい。
（4）農林水産省「新規就農者調査」によれば、39歳以下の新規就農者数は2011年に14,220人、2012年に15,020人であった。
（5）農林水産省資料「平成24（2012）年度農の雇用事業新規採択者の状況」によれば、2012年度に農の雇用事業による研修を受けた者のうち、2015年12月時点で離農又は進路が未定等として継続して就農する意思のない者は全体の39.5％となっている。
（6）『新規就農者の就農実態に関する調査結果―平成28（2016）年度』（全国農業会議所）を引用している。詳細はp.23を参照されたい。
（7）詳細は和泉真理『産地で取り組む新規就農支援』（2018）筑波書房、p.11を参照されたい。
（8）同注6。
（9）同注6のp.34によっている。
（10）詳細は同注6のp.35を参照されたい。
（11）同注6のp.42によっている。
（12）2012年度の農の雇用事業は新規就農者に対して実践研修を実施する法人を対象に研修経費として年間最大120万円を助成（最長2年間）するものであった。
（13）新規就農総合支援事業は2013年に新規就農・経営継承総合支援事業に、そして2017年に農業人材力強化総合支援事業に変更された。新規就農者確保事業は2014年に名前は廃止となったが、青年就農給付金と農の雇用は事業として一部見直され、継続した。また、農業者育成支援事業は2017年に農業経営確立支援事業の新設にともない廃止となった。
（14）農林水産省「平成26（2012）年予算の概要新規就農・経営継承総合支援事業」から引用している。
（15）詳細は同注6のp.21を参照されたい。

(16) 詳細は「第27回JA大会決議　第2部」を参照されたい。なお、応援プログラムは全国連による「農業所得増大・地域活性化応援プログラム」のこと。全国連が連携し、農業者の所得増大と持続可能な農業経営の実現のため、輸出への取り組み、6次産業化、高付加価値化、担い手の初期投資を軽減するための支援、担い手への経営サポート、新規就農者を確保・育成取り組みの強化・拡充を図っている。事業規模2兆円・事業費1,000億円規模（2018年度まで）。

第2章
産地確立に成功する生産者組織による新規参入支援
―群馬県倉渕地域の事例―

第1節　倉渕地域における畑作農業の衰退と新規参入の実態

1　従来の畑作農業の衰退

　倉渕地域は群馬県西部に位置し、2006年に隣接する箕郷町、群馬町、新町、高崎市と合併し、現在高崎市倉渕町となっている。総面積は127.26km^{2}で、そのうち85.5％が山林である。また、域内は320mから1,654mと標高差が大きく、典型的な山間地域である。東西18km、南北11.1km、地域の中央を烏川が大きく弧を描いて流れている（**図2-1**）。

　倉渕地域は、2015年現在経営耕地総面積268haでそのうち、畑が184ha、田が82haと、畑の面積は全体の68.7％を占める。米麦の他、養蚕そしてこんにゃく、みょうがなどの野菜がかつて農業生産の主力であった。しかし、70年代以降養蚕とこんにゃくは国内需要の減少や輸入の自由化などの影響をうけ、産業としては成り立たなくなり、その後みょうがは病害の広がりで産地が崩壊し、次第に地域の農業は衰退の一途をたどった。2000年代に入り、農業の主力は畜産（7割）と野菜（2割）に変わった。畜産（主に養鶏）の経営体は大規模の農業法人が主であり、家族経営による農業は、野菜が主要作物となった。

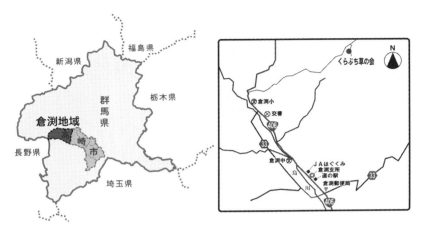

図2-1　倉渕地域の位置状況

　高崎市倉渕支所の資料によれば、2010年主要農産物の販売高が約8.4億円で、そのうち有機野菜が40.5％を占め、一般野菜（35.1％）を上回る[1]。その背景には、長年にわたり地域全体で有機野菜生産に取り組み、近年産地化に成功したことがある。当地域は以前から高冷地を活かし、夏の葉物野菜を生産していたが、約30年前に消費者との直接販売、流通会社との契約販売に取り組むことによって、減農薬・減化学肥料から無農薬・無化学肥料へ、徐々に有機野菜生産へと転換し、生産規模も次第に拡大した。

　とはいえ、他の条件不利地域同様に、倉渕地域の農業担い手問題が深刻である。販売農家数は1985年から2015年の30年間で、639戸から254戸へ、6割も減少した。さらに、近年農業従事者の高齢化や農家子弟の他産業への流失などによって、地元農家の減少は歯止めがかからない。それにともない、耕作放棄地の増加と農地の減少も深刻化していた。担い手確保の問題は農業に限らず、地域社会においても重要な課題となっている。

2 新規参入者の実態

(1) 新規参入者受入の経緯

倉渕地域では、他地域からの移住が1980年代末頃に遡れるが、本格的な農業への新規参入は1990年代以降になる。1991年に、旧村役場が買い上げた遊休農地を農園（225区画）に整備し、ログハウス（6棟）も建設し、日本初の市民農園クラインガルテンを開設した。当初定年退職者を想定し利用者を募集したが、予想外に子育て世帯が多く応募した。その中の3名[2]が倉渕地域での就農を希望した。旧村役場は地域の篤農家であるST氏を紹介した。その後、旧村役場とST氏の協力のもとで農地、住宅を確保し、そしてST氏の指導を受けながら、3名は就農した。この時期は、新規参入はまだ単発的なものであった。

しかし、90年代後半以降になると、徐々に新規参入者が継続的に入ってくるようになった。そのきっかけを作ったのは、上記のST氏であった。ST氏は1991年から有機野菜を扱う流通会社と契約栽培を始めた。契約量の増加にともない、ST氏は周辺の農家数軒に呼びかけ、有機野菜出荷グループを結成した。このグループが後に「くらぶち草の会」へと成長する。一方、この時期は社会的に有機農業や農外からの新規参入に対する関心が徐々に高まり、就農希望者も次第に増えた。契約先の職員、野菜宅配業者の社員、地質調査会社の社員など、様々な職業を持った非農家出身者が行政の紹介や口コミで倉渕地域に集まってきた。その大半はST氏が受け入れて、栽培技術を教えながら、役場と一緒に遊休農地と空き家を探し出した。そうした中、新規参入者には一定期間の技術研修を実施し、住居そして農地を確保する必要があるという課題が浮き彫りになった。

そこで、2000年に旧村役場は「経営体質強化施設整備事業」を活用し、研修棟の建設に踏み切った。それとほぼ同時に、農林課に新規就

農の担当者を設け、就農相談、研修農家の紹介、農地や住居の斡旋など、就農にかかわる一連の支援を行うようになった。また、就農希望者の中で有機農業を希望する者が多いため、技術研修はST氏をはじめ、生産者組織の「くらぶち草の会」が担うようになった。こうして行政と生産者組織が連携した新規参入支援体制が倉渕地域で確立された。その結果、図2-2のように、2000年以降継続的に新規参入者が就農し、多い時（2010年）には年間7名もいた。2015年現在、計38名就農し、うち31名が現在倉渕地域で農業経営継続中である。また、そのうち9割が夫婦での就農のため、実際には60名近くの農業従事者が増えたことになる。

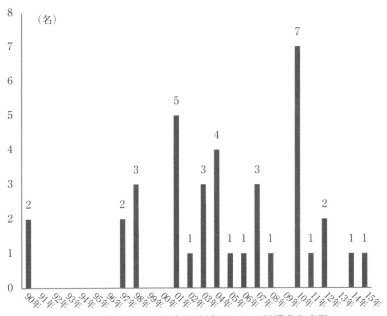

図2-2　年度別にみた倉渕地域における新規参入者数
出所：倉渕支所資料より作成

（2）定着率の高い青年新規参入者

　新規参入者の現状を見ると（**表2-1**）、全体の9割にあたる34名が農業経営を継続している。離農したのはわずか4名である。経営継続中の新規参入者のうち、31名は倉渕地域に在住である。他の3名は倉渕地域で研修を受けたものの、農地や家族の都合で他の地域で就農した[3]。また、離農者のうち、現在も倉渕地域在住の者は2名である。そのうち1名はいったん就農したが、新規参入者を受け入れる「くらぶち草の会」の事務局が欠員になったため、生産者から事務局長に転身した[4]。もう1名（女性）は、本人が他産業に転職したが、同居する両親は農業を続けている。また、転出者のうち、1名は就農15年目に家族の病気と転職によって転出し離農した。もう1名は就農13年目に親の介護のため、やむを得ず実家（群馬県内）に戻った。転出はいずれも家庭の事情であり、農業経営の悪化等が起因とするものではない。

　また、新規参入者のほとんどは就農時に青年である。就農時の年齢をみれば（**表2-2**）、最も多いのが30代で21名、全体の半分強を占める。次いで40代9名（24％）、20代6名（16％）である。20代と30代を合わせると71％である。一方、全国的に見てみると、40歳未満の新規参

表2-1　新規参入者の概況（1990年～2015年）

（単位：名）

農業継続中			離農		合計
倉渕地域	他地域就農	計	在住	転出	
31	3	34	2	2	38

出所：倉渕支所資料より作成

表2-2　新規参入者（世帯主）の就農年齢

	20代	30代	40代	50代	合計
実数（人）	6	21	9	2	38
割合	16％	55％	24％	5％	100％

出所：倉渕支所資料より作成

入者は全体の5割⁽⁵⁾にとどまっている。このように倉渕地域では新規参入者が青年層の割合が非常に高いという特徴をもっている。青年層の新規参入者は農業所得による家計費充足の必要もあり、経営志向が強い⁽⁶⁾。

3 地域における新規参入者の存在意義

上記のように、倉渕地域の新規参入者は青年層が中心であり、しかも長年継続的に定着したことは、地域の農業振興に大きな影響を与えている。主な影響は以下の通りである。

(1) 地域農業を支える担い手へ

表2-3は新規参入者と倉渕地域の農業との関係を示すものである。2015年時点に倉渕地域の家族経営体は258経営体であり、そのうち販売農家が254戸、さらにそのなかで専業農家は121戸である。そこで31戸の新規参入者が占める割合をみると、家族経営体で12.0％、販売農家で12.2％を占める。専業農家では25.6％とさらに割合が高くなっている。また、65歳未満の基幹的農業従事者をみると、地域全体の62人に対し、新規参入者は56人で90.3％も占めている。なお、新規参入者の

表2-3 新規参入者と倉渕地域¹⁾の農業

項目	家族経営体	うち販売農家（戸）	うち専業農家（戸）	65歳未満の基幹的農業従事者（人）	経営耕地面積（ha）
倉渕地域	258	254	121	62	268
新規参入者	31	31	31	56²⁾	34.5
割合	12.0%	12.2%	25.6%	90.3%	12.9%

注：1）倉渕地域は倉田村と鳥渕村の合計になっている。
　　2）農業に従事していない配偶者は除かれている。
出所：農業センサス（2015年）及び倉渕支所資料、聞き取り調査より筆者作成

経営耕地面積は34.5haで、全体（268ha）の12.9%を占める。

　以上のように、倉渕地域では家族経営体と販売農家の１割強、そして専業農家の1/4、さらに65歳未満の基幹的農業従事者にいたっては９割が新規参入者である。新規参入者はすでに倉渕地域の農業を支えており、しかも将来にわたる地域の担い手になるに違いない。

（２）地元農家を上回る有機野菜の生産

　有機野菜生産の拡大にともない、倉渕地域は北関東地域で有力な「有機野菜」産地へと成長した。と同時に、「有機野菜」生産分野では、新規参入者が地元農家に比べ、農家数も農地利用面積も上回っている。

　図2-3は両者の生産農家数と農地利用面積を比較するものである。地元農家23戸に対し、新規参入者は31戸である。そして、農地利用面積では、新規参入者が34.5haに対し、地元農家は22.1haである。つまり、

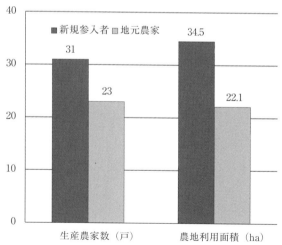

図2-3　有機農業に取り組む地元農家と新規参入者

出所：倉渕支所資料と聞取り調査によって作成

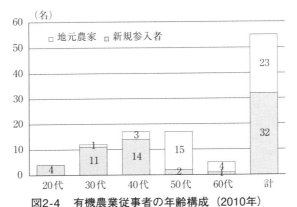

図2-4　有機農業従事者の年齢構成（2010年）
出所：倉渕支所資料と聞取り調査によって作成

有機野菜生産面積においては新規参入者が全体の6割を占めている。

また、有機農業従事者の年齢構成をみると、図2-4のように、新規参入者は20代、30代と40代が殆どである。それに対し、地元農家は50代と60代に集中しており、20代は1人もいない。さらに、支所や「くらぶち草の会」からの聞取り調査によれば、後継者がいる地元農家は2割に満たないとのことである。したがって、既存の地元農家だけに依存していたら、今後高齢化が一層進み、倉渕地域全体の有機野菜の経営規模が縮小すると予測される。また、50代以上の地元農家を中心に、「リタイアした場合、農地をどうする予定か」と聞いたところ、大半の地元農家は新規参入者に貸すと回答した。つまり、有機農業、ないし地域農業全体において新規参入者は将来にわたって役割を期待されている。

（3）遊休農地の解消と農地の有効利用に大きな役割

新規参入者の定着は農業担い手の確保のみならず、農地の利活用においても重要な役割を果たしている。前掲表2-3に示されたように、

表 2-4　倉渕地域の農地減少率（1995 年-2015 年）

		経営耕地面積	田	畑
2005 年対 1995 年	倉渕地域	38.2%	45.7%	31.7%
	群馬県	23.5%	21.4%	15.7%
2015 年対 2005 年	倉渕地域	13.3%	13.7%	12.0%
	群馬県	9.3%	6.2%	10.4%
減少率の増減 （ポイント）	倉渕地域	-24.9	-32.0	-19.7
	群馬県	-14.2	-15.3	-5.3
県との減少率の差 （ポイント）	2005 年対 1995 年	14.7	24.3	16.0
	2015 年対 2005 年	4.0	7.5	1.6

出所：各年次農業センサスより作成

　新規参入者の経営耕地面積は34.5haであり、倉渕地域総農家経営耕地面積の10.0%を占める。聞取り調査によれば、就農時の借入農地のうち、6割が遊休農地であった。すなわち、約21haの遊休農地が新規参入者によって再利用されたことになる。

　また、新規参入者は転居、農地の集積もしくは分散などの理由で、一部の農地を返却することもある。そうした返還農地（全体の約1割）は元々遊休農地が多く、数年間有機野菜の栽培に利用された後、土壌が改善され、耕作しやすくなったことが多い。そのため、極端に条件の悪い農地を除けば、返却後はほとんど地主が再び耕作する、もしくは他の農家（特に後に入ってきた新規参入者が多い）が借り入れることになった。以上のように、新規参入者によって確実に遊休農地が解消され、農地保全上の意味が極めて大きいといえる。

　また、統計的に見ると、**表2-4**のように、1995年から2005年の10年間で倉渕地域は経営耕地面積38.2%と4割近く激減した。そのうち、田が45.7%、畑は31.7%と、ほとんど地元農家が耕作する水田の方が減少がより激しい。しかし、2005年から2015年の10年間では、経営耕地面積減少率は13.3%であり、そのうち田が13.7%で、畑はそれより低く

12.0%となっている。さらに、1995年から2005年の10年間と比べて、減少率は経営耕地面積で24.9ポイント、田で32.0ポイント、畑で19.7ポイントとそれぞれ大幅に低下した。

また、群馬県との減少率の差を確認すると、1995年から2005年の10年間では経営耕地面積で14.7ポイント、田で24.3ポイント、畑でも16.0ポイントと県の減少率よりはるかに高いことがわかる。しかし、2005年から2015年の10年間では、その差がそれぞれ4.0ポイント、7.5ポイントと1.6ポイントとポイントが大きく減り、県と差が大幅に縮まったことがわかる。特に、畑に関しては県平均の減少率とほぼ同水準となっている。倉渕地域が典型的な中山間地域で耕作条件が悪いことを考えれば、この10年間は畑の減少率がかなり低いといえよう。

つまり、高齢化や担い手不足等の問題が深刻化し農地が全体的に減少しているなか、倉渕地域では、新規参入者が90年代後半以降継続的に就農したことによって、農地の減少は一定程度で歯止めがかかった。とりわけ、新規参入者の利用が多い畑地に関しては、水田より維持されているといえる。

以上のように、実態調査からも統計的分析からも、新規参入者の定着は倉渕地域の農地利活用に重要な役割を果たしていることが明らかである。

倉渕地域では従来型農業の衰退と担い手の減少が並行するなかで、新規参入者を25年間にわたり継続的に受け入れ、その結果、担い手が増え、農地の利活用が活発化したとともに、有機野菜産地としても確立した背景には、行政と生産者組織の連携による総合的・継続的な支援体制の存在が大きい。次節でそうした支援体制の構築と内容を明らかにする。

第2節　行政と生産者組織による二階建ての総合支援体制

1　総合支援体制の構築

（1）支援策を総活用する行政

倉渕地域の新規参入者支援における最大の特徴は行政と生産者組織による二階建ての総合支援体制である。

図2-5はその支援体制を示すものである。一階にある行政レベルでは、国、県、市の様々な支援策が総合的に実施される。現場でその機能を担うのは2006年市町村合併まで旧村役場であったが、それ以降は倉渕支所になった。また、行政による支援は、直接的支援と間接的支援に分かれる。直接的支援は、新規参入者個人を対象に窓口相談のほか、農地、資金、住宅などの経営資源に関する各種制度、補助事業の利活用への就農サポートを指す。例えば、研修中に研修棟を住居として提供することや、就農後に研修会を開催することなど、就農前から

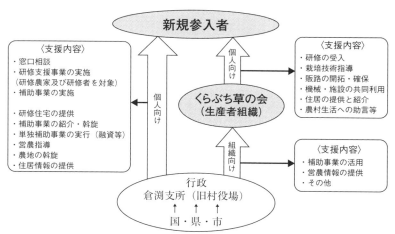

図2-5　倉渕地域における新規参入の支援体制
出所：聞取り調査に基づき筆者作成

就農後にわたって、ソフト面でもハード面でも支援に取り組む。一方、間接的支援は、主に新規参入者を受け入れる生産者組織をサポートすることである。たとえば、新規参入者の研修・技術指導・販売等を担当している生産者組織「くらぶち草の会」を対象に、共同利用する出荷施設や予冷庫の建設、機械の購入に対し補助事業の斡旋を行った。

二階にある生産者組織の「くらぶち草の会」は、研修から就農後にかけて技術指導、農地・住宅の斡旋、販路の確保そして地域生活への助言など、支援の範囲は農業経営にとどまらず、農村生活のすべての分野にわたる。一階部分と二階部分は常に連携をとりながら、柔軟な新規参入支援を図っている。

なお、行政側の支援策は前述した国の支援制度の他、群馬県単独事業の「就農留学事業」が実施されてきた。当事業は就農促進対策として2008年に導入され、その主な内容は指導農家に対する研修指導経費の支援と、研修生に対する家賃補助である。事業の狙いは先進農家での研修を通じて、新規参入者が農業技術や経営手法を習得するとともに、農村社会に溶け込み、地域との信頼関係を築く重要性を学ぶことである[7]。これまで倉渕地域でこの事業を利用して就農した新規参入者が数名いる。

（2）受け皿機能を発揮する「くらぶち草の会」

「くらぶち草の会」（以下「草の会」とする）は1998年に設立した有機野菜栽培に取り組む生産者の出荷組織である。2001年に有機JAS認証制度の資格を取得したとともに共同販売事業を開始した。2015年現在、生産者数は34名、うち地元農家16名、新規参入者18名（研修者を除く）である。主な販売先は、らでぃっしゅぼーや（株）、（株）大地を守る会、東都生活協同組合、(株)ジーピーエス（パルシステム）、(株)

フレッセイなどの有機野菜を多く扱う流通会社や生協である。年間売上高は2.2億円に上る。

1990年に草の会の前身である出荷グループが新規参入者の受け入れを開始し、2015年まで計25組を受け入れた。そのうち、2002年以降本格的に研修を受けて就農した人は14組である。

草の会は新規参入者の受け皿として、就農相談から、研修、就農準備、さらには就農後の営農指導全般について、きめ細やかかつ継続的に支援を行っている。まず、就農希望者を対象とする現地見学は随時受付を行っている。行政を含めて様々なルートを通じて就農相談を受けるが、研修を受け入れるかどうかは、現地見学と本人の意思確認をしたうえ、行政の担当者と一緒に可否を決定する。その研修先となる指導農家は原則として草の会の生産者に限る。指導農家は、販売先の出荷基準に合わせた生産基準に基づき研修者に栽培技術を伝授する。と同時に、借り入れ可能な農地や研修終了後に入居できる空き家、中古資材の譲渡など営農に必要な情報を集め、研修者の実情に合わせて提供し、就農準備をサポートする。就農後に草の会の会員となった新規参入者は、定期的に販売先などが主催する研修会に参加することを通じ、技術向上を図ることができる。その他、研修時から地域のイベント・行事や冠婚葬祭、清掃活動などに積極的な参加を呼び掛けるなど、行政の支援ではカバーできない農村生活に関する助言も行う。また、先輩の新規参入者は自分たちの経験を活かし、後輩の新規参入者をフォローすることも草の会の慣例となっている。

2　研修システムの構築

（1）生産者組織と行政のバックアップによる農家研修

就農相談の段階では、就農希望者の要望を聞き、草の会の会長と支

所の担当者等が面接し、その結果を踏まえて、研修受け入れの可否を決定する。なお、就農相談や問い合わせの段階では、草の会や支所の担当者が基本的な状況の説明をするが、必ず複数回の現地訪問を勧める。そのことを通じて、農地、住居、技術、販路などの実際の状況を自ら確かめ、就農後の農業経営や生活の具体的なイメージを描けるようにする。

　一方、受け入れ側の行政（主に支所）[8]、地域の生産組織そして農家（もしくは農業生産法人）が研修（就農）の可否を決めるには、就農希望者の動機、経歴、経済状況などのほか、農業経験や営農意欲そして地域に溶け込む能力を備えているかどうかがポイントである。したがって、動機が不明確、営農意欲が不充分、または農村地域への理解がないと判断された場合は、研修を断られる。研修前に、現地訪問を通じて倉渕地域の理解を深めることや面接等を通じて合否を決めていることが、その後の新規参入者の農業経営を継続している大きな要因となっている。

　作物栽培過程のすべての段階を経験させ、基本的な技術を習得させるために、研修期間は原則として1年間としている。倉渕地域への移住時期の遅れや家族の都合（出産・病気）などの原因で、1年目に十分な研修期間が確保できなかった場合、もしくは本人が希望する場合は、2年間まで延長することも可能である。

　研修先はほとんど草の会に所属する生産者農家であるが、必要に応じて他の会員もサポートする。なお、2002年以降、新規参入者の大半は草の会会長のST氏が経営する法人で研修を受けた。このことを踏まえ、次節ではST氏の農業生産法人で受ける研修の内容を例として紹介する。

（2）技術習得と就農準備を同時進行させる農家研修

ST氏は農業生産法人（有）エコル鳴石を経営している。法人の経営耕地面積は8ha（うち3.5ha自家所有）である。労働力は夫婦（50代後半）の他、従業員6名（社員4名、パート2名）である。主要作物は、ほうれん草、小松菜、ター菜、水菜、ズッキーニ、ピーマン、トマト、ジャガイモ、人参、なす等30種類以上にのぼる。いずれも無農薬・無化学肥料による栽培であり、一部の圃場は有機認証も取得している。毎年研修者の要望にあわせ、若干栽培品目と作付面積の調整も行う。販売先は草の会、スーパーオオゼキ、スーパーフレッセイ、レストランなど複数あり、売上高は年間約3,000万円である。

研修者はエコル鳴石での研修期間中、育苗、植付け、肥培管理、病虫害対策、収穫などの実作業を中心に技術を習得していく。作目の選択は研修者の希望を尊重するが、作業はすべての作目について各栽培過程を経験させることとなっている。生産基準は販売先の要求に従って、有機もしくは有機に近い無農薬・無化学肥料の方法で行う。また、栽培技術だけでなく、栽培履歴の記帳や出荷調製作業などの指導を受ける。就農後農業経営に必要なスキルを研修中に習得できるようにする。

農業経営に必要な技術と知識だけでなく、日頃地域住民に積極的に挨拶したり、行事に参加したりして本格的に就農することにそなえ、地域社会に溶け込むための指導も研修内容に含まれている。そうした地域住民との付き合いの中で、農地や住宅の情報を収集することができる。

3　販売先と結びついた技術・営農指導による就農後の支援

倉渕地域における新規参入者への支援のもう一つの特徴は、就農後

にも続く営農指導であり、しかもその営農指導は生産者組織を通じて販売先と結びついて行われている。

（1）多様な販路の確保

　倉渕地域の新規参入者は様々な販路を利用しているが、おおむね二つのパターンに分けることができる。一つは生産者組織経由のパターンである。主に前述した草の会とオオゼキグループがある。

　草の会は、（株）らでぃっしゅぼーや、（株）大地を守る会、東都生活協同組合、（株）ジーピーエス（パルシステム）、（株）フレッセイなどの有機農産物を主に取り扱う流通会社、生協とスーパーを主要な販売先としている。各取引先とは契約栽培のため、出荷計画に基づいて生産しなければならない。そのため、会員には、各販売先の栽培・出荷基準を確実にクリアできることが求められる。

　一方、オオゼキグループとは、東京・千葉・神奈川にスーパー17店舗（2016年現在）を構える株式会社オオゼキとの直接取引を行っている生産者組織である。2017年現在、生産者9名、うち新規参入者7名であり、グループの代表は草の会の会長でもあるST氏である。オオゼキグループは年度単位で出荷量をあらかじめ決める草の会と違って、出荷の約1週間前、出荷可能な量をグループの代表を通じて、仕入れ店舗に連絡し、店舗と品目・数量の調整を行ったうえ、出荷するという流れになっている。草の会と比べて、単価がやや低く、そこからJAの予冷庫利用料や販売手数料などの経費が除かれると、手取が幾分少ない。しかし、野菜の生育状況にあわせて、出荷量を調整できること、草の会の販売先に比べて栽培基準がややゆるやかであることは、就農年数が少なく、栽培技術がまだ発展途中の新規参入者にとっては、自分の経営実態に合わせて出荷できるメリットが大きい。

なお、両組織の代表は同じくST氏であるが、新規参入者がどの組織に所属するかはST氏、草の会の幹部と本人が、三者で話し合いの上に決めることとなっている。

販路のもう一パターンは独自販売である。主に、個人宅配、学校給食、直売所、レストラン、地元スーパー、仲卸など、小口販路が中心である。倉渕地域では有機農業もしくは有機農業に近い栽培方法を行っていることもあり、消費者とのつながりを重視する傾向が強い。特に他業種の経歴を持つ新規参入者は親戚友人のネットワーク、インターネットでの情報発信を活用し、個人宅配や仲卸、レストランに販売するケースも少なくない。また、子育て世帯が多いこともあり、地産地消や食育への関心も高く、積極的に学校給食に食材を提供する新規参入者も多数いる。さらに、2014年に倉渕地域に「道の駅　小栗の里」の直売所がオープンした。地域と消費者に密着するということから、新規参入者にも魅力的であり、新たな販路として確立しつつある。

生産者組織経由の大口販路は契約をした栽培基準と数量を厳守することが求められる。そのため、契約数量より多めの生産計画を立て、作況による変動を小口販路で調整して対応するのが、多くの新規参入者らの経営スタイルとなっている。こうした多様な販路の確保と活用は、新規参入者の経営の安定に直接つながっている。「組織販売＋α」のスタイルは、組織販売契約を確実に実行することを可能にするとともに、新規参入者の自立性を高めることにも役立っている。さらに、会員同士が特定の販売先をめぐって競合することも回避できる。安定した販路と柔軟に対応できる販路が両方確保されていることは、倉渕地域の新規参入者にとって、安心して農業を継続するだけでなく、経営のステップアップも図ることを可能にする最大の武器であるといえよう。

（2）販売先と結びついた技術指導

　前述したように、多様な販路を利用できる前提条件は、各販売先の生産基準をクリアし、契約した数量を確実に出荷することである。研修時は、研修先のベテラン生産者指導のもとに栽培技術を取得するが、研修終了後、就農した後もその指導は継続される。

　草の会に所属する新規参入者を例に就農後の技術・営農指導を見てみる。契約している販売先から栽培過程における記帳が求められる。そのため、生産者は生産基準にあわせ、種苗・品種の選択から、栽培・出荷までの作業内容、回数など詳細に記帳しなければならない。それに対し、研修会で指導を徹底するだけでなく、会長ST氏と主要幹部らは、定期的に新規参入者の圃場を巡回し、実施状況の確認を行う。巡回の際に、野菜の生育状況から作業の時期や順番などについて、きめ細やかにアドバイスもする。

　また、販売先が主催する講習会にも、必ず新規参入者に出席することを求め、技術向上を図る。実際に、新規参入者にアンケートしたところ、**表2-5**のように、技術指導を草の会と販売先の講習会に頼るのは、それぞれ9割と4割を占める。つまり、草の会のような生産者組織は新規参入者就農後の技術指導において、大きな役割を果たしていることが明確である。

表2-5　就農後の技術指導

実施先	回答数	割合
草の会	20	91%
出荷先の講習会	9	41%
近隣農家	5	23%
その他	7	32%

注：回答者数は22名、いずれも複数回答である。
出所：聞き取り調査（2006年）により作成

4 確実な農地確保と複合的なルートによる農地の確保

(1) 多様な農地確保ルート

　新規参入者が就農時に生計をたてるために、最低限の農地を確保する必要がある。その後、経営を展開させていくなか、さらに農地の拡大が求められる。したがって、新規参入者にとって、農地は重要な経営資源であり、その確保が就農の成否を決める。とはいえ、新規参入者は交際範囲に限界があり、とりわけ就農初期には地元農家ともまだ付き合いが少なく、地域での信用力が充分に形成されていない。そのために農地の借り入れはきわめて困難である。倉渕地域ではこうした状況について、直接新規参入者にかかわる生産者組織や行政（支所・農業委員会）はもちろん、地元農家も共通の認識を持っている。新規参入者の農地確保は地域で共有する課題となっているため、実際に様々なルートによって新規参入者に農地が紹介される。

　就農時の農地確保には主に二つのルートがある。一つは、ST氏を中心とする草の会のメンバーや近隣農家が農地を斡旋するルートである。研修中と就農後初期には、このルートを通じて農地を確保する例が多い。もう一つは、役場や農業委員会による農地を仲介・斡旋する形態である。

　就農後は農地確保のルートがさらに複合化する。表2-6は聞き取り調査（2006年）で示した農地確保のルートである。それによると、22

表2-6　農地の取得方法

取得方法		回答数	割合
仲介	草の会	19	86%
	役場・農業委員会	11	50%
	周辺農家	15	68%
直接交渉		8	36%

注：回答者数は22名、いずれも複数回答である。
出所：聞き取り調査（2006年）により作成

戸のうち、最も多いのは、草の会で19戸である。次いでは周辺農家15戸である。その他、役場と農業委員会11戸、直接交渉8戸となっている。

つまり、就農時や就農後2～3年の間は研修先、草の会や役場、農業委員会などの公的機関を通じて農地を確保するのが一般的である。就農年数が経過するにつれ、周辺農家を通じて紹介されたり、自ら地主に話を持ちかけたりするケースが増えている。このことから新規参入者が順調に地域に溶け込んでいることがうかがえる。

（2）遊休農地を主とした農地集積

表2-7は新規参入農家によって利用されている農地の状況を示したものである。これによると、2006年調査時に、経営面積は22戸で26.78haであるが、就農時の農地面積合計の13.72haと比べると、約2倍に増加している。その全てが借地であるが、不作付地と耕作放棄地などの遊休農地であった農地は、全体の57.1%で半分以上を占めている。

就農時に遊休農地の割合が高いのは次の要因が考えられる。第1は、倉渕地域に遊休農地が大量に存在するからである。役場が実施した調

表 2-7　利用農地の状況

単位：ha

項　目	農地（ha）	借地割合	遊休農地割合
就農時取得面積	13.72	100%	57.1%
就農後追加取得面積 [1]	15.77	87.6%	64.6%
返却面積	2.71	—	—
調査時経営面積	26.78	—	—

注：1）就農後増加面積は新たな借地と購入農地の合計となっている。
　　2）遊休農地は不作付地と耕作放棄地の合計となっている。
出所：聞き取り調査により作成

査⁽⁹⁾によれば、倉渕地域の遊休農地面積は155haで、農地全体の28.1％である。そのため、新規参入者が借り入れする場合、就農時には、地域社会でのなじみが薄いため、借り入れが困難なことが多いが、遊休農地ならばスムーズに貸し付けられる側面が強いためである。第2は、新規参入者は、住宅の確保が農地の確保より困難であるため、住宅を最初に決める。決まった住宅を中心に農地を確保する傾向が強い。住宅から通作が可能な周辺には、耕作されていた農地を貸し付けされるとは限らないためである。第3に、有機栽培に利用しやすいからである。遊休農地なら農薬や化学肥料が遊休した期間において使用されていないため、耕作されていた農地よりも遊休農地の方が条件に見合っていることもあるからである。

　また、就農後に新たに15.77haの農地を借り入れており、その中から2.71aの農地を返却しているので、純増加面積は13.06haで、増加率は95％である。就農後に新しく取得した農地のうち借地の割合は87.6％であり、うち遊休農地面積は10.2haであり、その割合は就農時より高い64.6％である。遊休農地割合が上昇したのは、倉渕地域における遊休農地が多く、深刻になっていることを示している。同時に、新規参入農家が新たに農地を借り入れる際には、耕作されていたかどうかよりも自宅からの距離、既存の耕作地の周辺や、機械搬入可能かどうかという営農、通作などの便宜性を重視しているためである。同時に、就農時の借り入れ地の多くが耕作放棄地であり、その周辺も耕作放棄地が多い地域である側面もある。

　一方、就農後に新しく取得した農地のうち購入農地は1.95haである。その割合は、就農前の0％から12.4％へと増加した。農地を購入した農家は3戸であり、そのうち1戸は就農16年目で、現在養鶏から果樹へと経営の転換を目指している。果樹は新植から収穫までに長い期間

がかかるため、経営安定をはかるのに農地の購入が必要だったのである。その農家は自己資金で1haの農地を購入した。もう1戸は就農8年目の農家で、県公社を通じて購入を前提に借り入れしていた農地を家と一括に購入した。その際に、農地取得資金、近代化資金と自己資金を利用した。最後の1戸は就農7年目の農家であり、トマトハウスを建設するため、県公社を通じて借り入れていた農地を農協からの融資により購入した。以上の3戸のうち、2戸は長期的かつ安定的な経営を図るために農地を購入し、1戸は住居確保のための購入である。資金調達については、就農年数の長い農家が自己資金を利用しており、長年の農業経営によって資金が蓄積できたことが窺える。

　なお、返却農地は2.71haであり、実態調査によると、返却理由は転居と、より条件の良い農地が入手できたが大半である。つまり、就農時には、研修棟や借家に入居していたため、農地も住居から通作が可能な場所に確保した。しかし、その後、研修棟の利用が終了したり、持ち家を新築したりした場合、それまで借り入れた農地が通作困難になることが多い。そのため、一部の農地を返却する。また、前述したように、就農時遊休農地の状態で借り入れた農地の割合が高いため、就農後より条件の良い農地が入手できた場合にも返却が起きる。さらに、就農直後は農地確保が困難であるのと、契約量を確実に生産するため、農地を多めに借り入れる傾向が強い。しかし、経営が安定するにつれ、利用率の低い農地を返却する新規参入者も増えている。さらには、倉渕地域の山間地域の特徴を活かして、圃場を分散させ、出荷時期と労働力を調整するために一部の農地を返却する場合もある。いずれにしても、遊休農地を活用しながらも、経営の実態にそって、農地利用を合理的に変化させていくのも、倉渕地域における新規参入者の特徴の一つである。

5　住宅確保支援の重層性

　住宅の確保は、生活基盤のみならず農業経営の基盤でもある。農業にふさわしい住宅が確保できるかどうかは、農業経営の安定および順調な経営展開につながる重要なことである。ところが、倉渕地域では民間の空き家が少ない、また、存在したとしても、地域外の人への不信感があるなどの理由で、借り入れることが困難な状況にあった。それに対応し、倉渕地域では行政と生産者組織（草の会）によって重層的な支援体制が構築されている。

　新規参入者が倉渕地域に就農しやすくするため、行政はまず研修棟を建設した。2000年に「経営体質強化施設整備事業」の実施を決定し、その内容は総額7,500万円の事業費を国と当時の役場が半分ずつ負担し、研修棟を4棟合計面積317m^2整備するものだった。その後、2002年工事を行い、2003年8月に最初の研修者3名が入居した。

　研修棟の利用対象は、群馬県認定就農者の認定を受けた者とし、原則として1年間利用することができる。しかし、研修終了後にも住居が見つからない場合は、最長2年間延長することが認められる。新規参入者にとって、研修期間を含め最長3年間住宅支援を受けられることになる。

　表2-8は研修棟建設後の利用状況を示すものである。使用開始の2003年から2015年まで、毎年1～3名、計22名が入居し、全新規参入者の2/3が研修棟を利用したことになる。また、入居期間中にほとんどの就農者は新しい住宅を見つけ、スムーズに転居できたことがわか

表2-8　研修施設利用状況

年度	2003年	04年	05年	06年	07年	08年	09年	10年	11年	12年	13年	14年	15年	合計
入居者数	3	1	1	3	2	2	1	1	3	1	1	1	2	22

出所：倉渕支所資料より作成

表2-9　住居確保の仲介役

仲介役	回答数	割合
支所（役場）	15	68%
草の会	11	50%
周辺農家	4	18%

注：回答者数は22名、引越ありの場合は複数回答となる。
出所：聞き取り調査により作成

る。なお、研修棟家賃は月2万円で、民間の賃貸住宅の半額以下である。研修期間に経済的に厳しい就農者の負担を大幅に軽減している。

次に、何らかの事情で研修棟に入居できない、もしくは研修棟の利用期間が満了し、適当な住宅が見つからない場合は、行政が村営住宅を紹介し、優先的に入居させる。現在でも数名の新規参入者は村営住宅に入居中である。

しかし、研修棟や村営住宅は作業場や資材置き場など農作業に必要なスペースがないため、農家には不向きである。そのため、就農してからも新規参入者にとって住宅の確保は、農業経営にとっても大きな課題である。それを認識した行政と草の会は、力を入れて支援を行っている。とりわけ、草の会では会長のST氏をはじめ、メンバーたちが日頃から情報のアンテナを張り、適当な空き家情報があれば、すぐに本人に伝える。そうしたネットワークの機能によって、新規参入者は徐々に自分の経営と生活に合う住宅を確保できてくる。

表2-9は新規参入者の住居確保の仲介役をまとめてある。研修棟の利用も含め、支所（旧役場）に仲介されたのは、全体の7割近くを占める。草の会のメンバーを通じて住居を借り入れた人は半数にのぼる。その他、周辺農家の紹介によって、住居を確保できた例も4例ある。

6　農業用施設、農業機械の支援による投資抑制

　行政支援の重要な要素は、機械の取得や施設等のインフラの整備である。その支援の一つは、受け皿である草の会を対象に、出荷共同利用施設建設への補助である。国や県の補助事業以外に、倉渕地域（倉渕支所）単独補助事業もある。このような補助は、名義上で草の会が受益者となっているが、現実に新規参入者一人一人がその支援を得ていることにつながる。農業用施設及び農業機械の整備を通じて、草の会の活動を支援している。

　具体的には、1996年、1998年群馬県の県単事業により、総額500万円の予冷庫（10坪）を２棟建設した。建設費用の半分は県からの補助金で賄い、残りの半分は農協のリース事業を利用し、７年間で返済することとなっていた。その他、苗植機（２台）、マニアスプレッダー（２台）、マルチ張り（４台）等の農業機械も国、県及び村（もしくは支所）の補助金（半分）によって草の会が購入した。草の会が設立以来、2006年まで施設建設と農業機械購入に関する補助金は総額が４千万円以上に上る。これらの施設、機械は、会員である新規参入者の出荷、移植、土づくり等に利用されている。

　また、組織を支援すると同時に、個々の農家を対象とする支援対策も講じられた。1998年～2004年総面積5,000m^2以上にものぼるパイプハウスを整備した。行政（県と倉渕支所あわせて）側は1/3～1/2費用を補助した。

　そもそも稲作と比べて、有機野菜栽培は多額な初期投資がなくても経営を確立することは可能である。そのうえ、このような行政の支援と、施設・機械の共同利用によって、個々の農家が投資を抑制することができ、その結果新規参入者の低コスト化と経営安定に貢献している。

第3節　新規参入者の経営展開

1　新規参入農家の経営展開

（1）就農年数にともなって伸びる売上高

　分析対象となる新規参入者は、就農経過1年～9年の18名[10]である。そのうち、3年未満が4名、就農3～6年目が9名、就農7年～9年が5名である。調査時点（2006年）で平均就農年数4.6年、平均売上高は486.7万円である。売上高は同時期の全国平均（露地野菜の新規参入者）360万円[11]の1.35倍である。18名のうち、売上高が500万円以上の新規参入者は半分を占めており、同全国平均の27％を大きく上回る[12]。特に就農年数3年以上の新規参入者の売上高は、ほとんど500万円以上である。

　次に、就農年数と売上高の関係を見てみよう。図2-6で示されているように、全体として就農年数が長くなるほど売上高も高くなっている。すなわち、経過年数にともなって売上高が増えている。

　売上高が300万円以下であるNo.7、No.8とNo.13はそれぞれ特別な事情がある。No.7は夫婦ともに副業を持ち、農外所得を得ている。No.8は親の看病で農作業時間が確保できなかったため、売上高が前年より大幅に減少したためである[13]。そして、No.13は単身女性であり、労働力の制約から経営規模が小さいために売上高が少ない。

　つまり、夫婦2人で農業に従事する新規参入者は、就農3年以降になると、売上高が500万円を超える水準となっており、農業で生計を立てることが可能となっている。

　また、就農年数で三つのグループに分けて売上高の差をみると、「3年未満」のグループは最高450万円、最低150万円で、その開きは300万円である。そして、「3～6年目」のグループは最高670万円、最低

第2章　産地確立に成功する生産者組織による新規参入支援　59

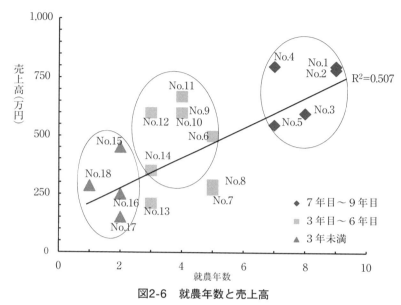

図2-6　就農年数と売上高

注：No.9 と No.10 は就農年数も売上高も同じである。
出所：聞取り調査より筆者作成

350万円で、その差は320万円である。一方、「7～9年目」のグループは最高800万円、最低550万円で、その差は250万円と上記の2グループより小さい。

以上のことから、就農3年までは全体的に売上が少なく、就農6年までは売上高の差が比較的大きい。その要因の一つは、技術の成熟度と考えられる。一方就農7年以上になれば、ほとんどの新規参入者は650万円前後の売上高を確保している。

（2）経営耕地面積の拡大過程

次に売上を伸ばしていく経営展開の過程において、経営耕地面積はどのように変化したかを分析した。**図2-7**は前掲18名の新規参入者の

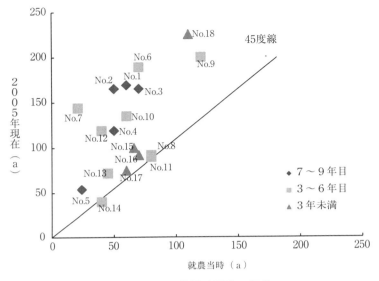

図2-7　経営耕地面積の推移

注：就農開始年と就農16年目で野菜から果樹や養鶏へ転換中の新規参入者を除いた。
出所：聞取調査より筆者作成

　就農時と就農後の経営耕地面積を表すものである。横軸が就農時の経営耕地面積、縦軸が調査時点（2005年の実績）の経営耕地面積、その間に45度の斜線が引いてある。この図をみれば、No.14を除けば、全員が45度線より上に位置する。すなわち、18名のうち、17名が就農時よりも経営耕地面積を拡大している。なお、増減なしのNo.14は就農3年目の単身女性であり、労働力の制約があるため、面積の拡大が困難であり、品質や収量向上を優先させたということである。

　一方、就農年数別に見てみると、経営耕地面積の上位3者No.18（225a）、No.9（200a）とNo.6（190a）は、いずれも就農年数が6年以下である。さらに、就農「7～9年目」グループでは、施設園芸のNo.5を除けば、経営耕地面積は150a前後であり、新規参入者のなか

で中位の規模である。それに対し、6年以下の第2グループは面積のばらつきが大きい。とりわけ「3～6年目」グループでは、面積の最も小さいNo.14はわずか40aであるのに対して、最も大きいNo.9は200aで、No.14の約5倍である。

　以上のことから、新規参入者は就農直後の数年の間には、経営耕地面積を拡大させているのがわかる。その傾向は、2011年に実施した再調査でも確認できた[14]。しかし、より長い期間（3年以上）で見た場合、前掲図2-7で示しているように、必ずしも就農年数の長い農家が、経営耕地面積が大きいというわけではない。しかし、前述したように、就農年数の増加につれ、売上高が伸びる傾向にある。一定期間を過ぎた後、売上高の増加は面積拡大とともに異なる要因も働いたと推測できる。つまり、新規参入者の経営は、量的な拡大から、質的な拡大へ転換する過程が存在すると思われる。それについて、次節で個別新規参入者への分析で明らかにしたい。

2　量的拡大から質的拡大への転換

　経営耕地面積と売上高との間には、一定の相関があるものの、それとは異なる動きを見せている。新規参入者の就農後経営展開をみると、当初は経営耕地面積が量的に拡大している。その後、多くの農家では、経営面積の拡大が停滞ないしは一部縮小している。売上高の増大は、経営面積の拡大よりも、経営内容の質的な変化によるものであることを示唆している。そこで、個別新規参入者の経営耕地面積および売上高の推移を通じて検討してみる。ここでは、就農後8年から14年までのいわゆる「ベテラン」新規参入者8名を対象に、2006年と2011年の調査結果の比較を通じて分析を行う。

　表2-10は対象農家の概況である。世帯主8名は全員40歳代であり、

表 2-10　対象農家の概況（2011 年）

就農者	年齢	就農年数	主要労働力	主要品目	出荷先
WD 氏	45	14	夫婦	レタス、ズッキーニ、インゲン、大根、その他 50 品目	草の会、個人宅配、レストランなど
SW 氏	40	14	夫婦	ホウレンソウ、ズッキーニ、チンゲン菜、パクチョイ、キュウリ	草の会、仲卸、レストラン
MN 氏	45	13	夫婦	小松菜、大根、インゲン、キュウリ、ピーマン、キャベツ、その他 5 品目	草の会
OS 氏	40	13	夫婦	チンゲン菜、レタス、大根、ズッキーニ、キュウリ、その他多数	草の会
ST 氏	45	10	夫婦	キュウリ、インゲン、小松菜、チンゲン菜、ズッキーニ、その他 3 品目	草の会、仲卸、親戚
SI 氏	45	10	夫婦	ホウレンソウ、小松菜、キュウリなど	草の会
SK 氏	42	9	夫婦	チンゲン菜、キュウリ、レタス、ミニトマト、ホウレンソウ、春菊、その他 60 品目	草の会、個人宅配
HS 氏	47	8	夫婦	小松菜、ホウレンソウ、キュウリ、大根、キャベツ、その他 5 品目	草の会

出所：聞取調査より筆者作成

就農当時から専業農家として夫婦で農業に従事している。品目が若干違うものの、いずれも露地野菜を主とする経営である[15]。販売先は草の会を通じた販売が主体であり、一部は、個人宅配や仲卸、レストランにも出荷している。

(1) 経営の量的拡大

図2-8は上記の 8 名が就農後の経営耕地面積における変化[16]を示すものである。就農時の経営耕地面積で、最も小さいのが40 a（HS氏）、最も大きいのが100 a（SK氏）、平均面積が64 a である。その後、スピードこそ違うものの、全員が面積拡大していく。そして、おおむね 5 年目から 8 年目の間に、ピークを迎える。ピーク時の面積は最も小さいのが123 a（SI氏、就農 8 年目）、最も大きいのが200 a（SK氏、5 年目）

第2章　産地確立に成功する生産者組織による新規参入支援　63

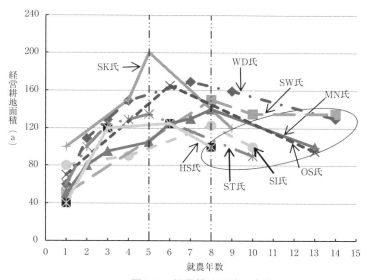

図2-8　経営耕地面積の変化

出所：聞取調査より筆者作成

である。ピーク時の平均面積は151 a であり、就農時の約2.4倍となっている。また、面積のピーク時に達するまでの所用年数は平均して6.4年である。

　ピーク時を過ぎた後、ほとんどの新規参入者が経営耕地面積を減らすものの、全員90 a から160 a の規模を維持している。調査時（2010年現在）に8名の平均経営耕地面積は109 a である。

　上記のような推移は、新規参入者が就農後の数年間において、期間限定的面積拡大を経ていることをあらためて実証した。さらに、経営耕地面積拡大のピークは、おおむね就農5～8年間とされる。ピーク時を過ぎた後、いずれの新規参入者も経営耕地面積が減少に転じる。では、この変化は何がもたらしたのかを見てみる。

　聞取り調査によれば、ほとんどの新規参入者が少なくとも4、5回

の農地の借り換えを経験しており、多い人は10回以上もある。その要因は様々であるが、主に次のようなことが挙げられる。

　一つは、農地確保が困難なことから、就農直後は多めに借り入れる傾向が多くの新規参入者にある。入手できる農地があれば、とりあえず借りてみる。たとえすぐに作付できなくても、将来的な規模拡大に備え、準備しておくと考える人が多い。また、契約期間が短く、更新をはやく迎える農地を抱えている新規参入者は、返却を求められる不安から、多めに借りることも少なくない。さらに、草の会経由の販売は、ほとんど契約栽培のため、契約量を確実に出荷できるよう、技術が未熟な間では、余分に作付する新規参入者も多い。また、就農直後長期入居できる農家住宅を確保できていない新規参入者は、機械収納や作業場のためにも、農地を多めに借りざるを得ないことがある。

　もう一つは、転居による借り換えである。前述したように、倉渕地域では新規参入者が農業に適する住居の確保が難しい。研修期間中は研修棟に入居できるが、独立することになれば、まず転居しなければならない。それにともない、研修棟周辺の農地を手放すのがほとんどである。次の転居先が継続的に入居できれば、農地の借り換えも１、２回で済むが、数年後やっと適当な空き家を見つけ、もしくは新築に踏み切った場合であれば、転居も数回にわたる。当然、その度に農地の借り換えが発生する。

　借り換えの直接なきっかけこそ違うものの、借り換えを重ねているうち、農地の良し悪し（日照、水はけ、有機質、機械搬入の利便性、自宅からの距離など）を次第に把握でき、より条件の良い農地が集約されるようになり、栽培技術と作業効率の向上につながっていく。それにともない、作付体系が変化し、本人にとっての最適規模も徐々に確立される。さらに、作付体系に適した農地が選別され、結果的によ

り耕作条件の良い農地が確保でき、生産性も向上したのである。

　以上のことから、経営耕地面積の減少は、経営規模の縮小ではなく、むしろ経営の質的向上の表れであり、その過程は新規参入者の経営の量的拡大から質的拡大への転換であると考えられる。そのことを売上高の変化でさらに確認したい。

　（2）経営の質的拡大へ

　図2-9は同8名の就農年数と売上高の推移を示すものである。一部単年度の変動を除けば、おおむね就農年数につれ売上高が増える傾向にある。また、段階的に見てみると、就農8年まではHS氏を除けば、ほぼ全員右肩上がりである。前掲した**図2-8**とあわせて見れば、就農8年まで経営耕地面積も売上高も就農年数にともない増加していくため、この期間は新規参入者にとって経営の量的拡大段階であることがあらためて確認できた。なお、HS氏は当年体調不良のため、作付面積を減らし、その結果例年より売上高が少なかったことから、これは量的拡大過程における一時的停滞に過ぎないと考えられる。

　就農8年以降、伸びこそ鈍化するものの、売上高は7人のうち、5人が増加もしくは横ばいで推移している。増加のピークはおおむね就農9年目から10年目の間に迎えている。ピーク時の売上高は最も少ないのが750万円（ST氏、10年目）であり、最も多いのは1,150万円（SK氏、9年目）に達している。特別な事情を除けば、おおむね600万円から1,000万円の間で変動している。

　実はこのことは労働力調整や消費税対策の結果でもある。聞取り調査によれば、倉渕地域では農作業手伝いの人材が少なく、臨時雇用の確保が難しい。一方、前述したように、新規参入者はほとんど夫婦就農のため、本人もしくは配偶者が病気・妊娠・出産などの際に、代替

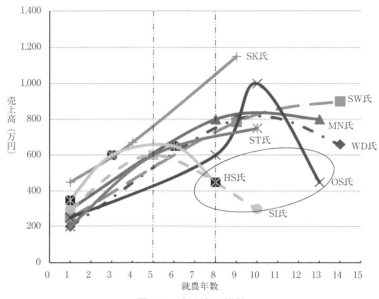

図2-9　売上高の推移

出所：聞取調査より筆者作成

労働力が充分に確保できず、生産が大きく影響される。前掲図2-9でWD氏（就農14年目）は、3人目の子供が生まれることが作付計画を減らした直接的な原因であった。このような状況のなかで、経営面積を増やす量的拡大よりも、栽培技術や作業効率の向上に力を入れ、経営の質を高めることを選択する新規参入者が多い。

　また、生活の面においては、経営がある程度安定した後、農作業の労働を減らし家族との時間を多く確保する傾向もある。実際に、上記のベテラン新規就農者8名のうち、4名が倉渕地域に就農した後に子供が増えたという。農業経営の質が高まったと同時に、家庭生活も充実してきたといえよう。紙幅の関係でここでは割愛するが、新規参入者は消防隊員や地区班長などの役職も多く担当し、地域に溶け込んで

いることも調査でわかった。

一方、売上高が減少した２名の新規参入者を見れば、就農10年目のSI氏は、当年ホウレンソウの立ち枯れ病に見舞われ、出荷量が減少し、売上高が大きく影響された。また、就農13年目のOS氏は、配偶者が資格試験準備と育児に専念するということで、事実上労働力が一人になり、経営耕地面積も売上高も大幅に減った。２名はいずれも単年度に限った特殊な事情による売上高の減少である。また、両氏とも当年は経営耕地面積を減少させているということから、経営の転換期と重なり、売上の減少が増幅されたことも考えられる。

以上のように、倉渕地域の新規参入者は就農年数にともない、売上高を増やしていく経営展開過程をたどっている。その過程においては、経営耕地面積の拡大を中心とした量的拡大の段階と生産性の向上などを図る質的拡大の段階が存在することが明らかになった。また、経営の順調な展開にともない、家庭生活、地域への溶け込みなど農村生活そのものも充実度が高まったことも確認できた。

第４節　倉渕地域における新規参入の到達点

これまでは群馬県高崎市倉渕地域での新規参入における総合的・継続的な支援体制の構築、新規参入者の就農から経営確立および展開までのプロセス、そして地域社会との融合およびそれに与える影響について考察してきた。ここでは、その内容を振り返りながら、倉渕地域における新規参入の到達点を分析する。

１　行政による支援体制の基盤整備

倉渕地域においては、従来型畑作農業の衰退にともない、農家が急激に減少し、後継者はほとんど他出していた。そんななか、旧村役場

は1991年に日本初の市民農園を開設し、それをきっかけに、積極的に農外からの新規参入者を受け入れるようになった。就農時の様々な課題に対して、行政は篤農家に技術指導を依頼するとともに、農地や住宅の斡旋や、無利子融資などの支援策を実施した。こうしたソフト面での支援に合わせ、村は建設資金を半分拠出し研修施設を整備し、ハード面での支援も充実させてきた。また、新規参入者の受け皿である生産者組織に対し、共同利用の機械や設備の導入を補助するなど、間接的な支援も行った。

　こうして倉渕地域では、90年代から2000年代初め頃にかけて、農地、技術、資金と住宅など、就農時の主な課題について、村独自の対策で取り組まれた。公的支援策が全国的にまだ未整備の時代において、こうした新規参入支援策は極めて先駆的な取り組みであり、高く評価されるべきであろう。また、このような早期の取り組みにより他地域より早い段階で新規参入支援の基盤が構築でき、その後の継続的な支援に可能性をもたらした。2006年に高崎市に合併した以降たとえ行政の人的な支援が手薄になった時にも新規参入者の受け入れが継続できた一因は、こうした基盤整備、支援体制の存在だと考える。

2　生産者組織による効果的な支援

　倉渕地域の新規参入における最大の特徴は、有機野菜生産者組織による就農前から就農後までの一貫した支援である。研修時において、生産者組織が受け皿となり、販路にそった作目選択と栽培技術の習得及び農村生活等の助言等を実施する。そして、就農時に必要な農地と住宅は行政とともに斡旋する。作目は本人の希望に基づいて選択し、それに合わせた技術指導を行うとともに、販路の確保をサポートする。また、生産者組織の機械や設備を共同利用することによって、新規参

入者の初期投資を最小限に抑える。生産者組織に加入した新規参入者は、就農後に技術と販路のフォローだけでなく、農地・住宅の斡旋、経営アドバイスの獲得など経営にかかわるすべての面においてサポートを受けられる。また、生産者組織の支援は経営面にとどまらず、農村生活についても研修時から助言し、新規参入者が地域へ溶け込むよう一貫して支援を行う。こうしたきめ細やかな支援は、行政ではカバーしきれない部分までしっかりカバーし、切れ目のない新規参入支援の実現が可能になった。

その結果、新規参入者らは農業所得で生計を立てることができ、地域社会にも定着した。

さらには、数多くの新規参入者が継続的に参入することは、有機農業産地としての魅力を増大し、産地の維持・形成だけでなく、地域の農業振興にもつながっている。

3　新規参入者の自助努力

倉渕地域の新規参入の成功には、新規参入者たちの自助努力も評価されるべきである。とりわけ早期に就農した者は、研修制度などの支援がまだ整備されていなかったなか、限られた自己資金のなかで技術を取得しながら経営を確立できた。経営展開過程においても、自ら販路開拓を試み、経営の安定及び拡大につながった。さらに、地元農家の高齢化とリタイアにともない、生産者組織の生産力低下が危惧されるなか、新規参入者の主導で作目別の部会を作り会員同士の技術向上を図った。また、農村生活の面では、消防隊、学校のPTA等、様々な地域の役を担うと同時に、道路愛護、スポーツ大会、お祭り等の行事にも積極的に参加し、地域社会の維持と活性化に役割を果たしている。こうした努力の結果、新規参入者のほとんどは、就農年数にとも

ない、売上高が増え、農村生活の充実度も高まったのである。

4 地域に及ぼす影響

　25年以上続いた新規参入は倉渕地域に農業振興と地域活性化に大きな影響を及ぼしている。農業振興の面からみれば、専業農家の1/4、65歳未満の基幹的農業従事者の9割が新規参入者であり、新規参入者が倉渕地域の農業を担っていると言っても過言ではない。とりわけ、有機野菜生産に関しては、生産者数でも生産面積でも新規参入者が既存の地元農家を上回っており、将来にわたっても新規参入者が有機野菜の産地を支えると予測される。これまで、新規参入者は担い手不足の地域で農業労働力の補充として期待されていたが、倉渕地域においては、このような域を大幅に超え、もはや地域農業を担う中心的な存在となっている。

　地域社会に与える影響も大きい。まず、前述したように農村生活に関する様々な活動に参加することによって、地域社会の維持に寄与している。次いで、青年層を中心とした新規参入者の定着は、若年人口の減少に歯止めをかけている。また、倉渕地域の小中学校で半数近くの生徒が新規参入者の子供であることから、新規参入者の増加は児童数の増加や学校の持続にもつながっていることが言える。

　加えて、新規参入者の定着は地元農家の後継者にも刺激を与えている。調査によれば、10年前まで農家子弟がUターンする例がほとんどいなかったが、ここ数年20代の後継者が数名相次いで就農した。

　倉渕地域の事例を通して、新規参入者の就農を成功させる鍵は、地域にある各関係機関の複数の主体による総合的・継続的な支援体制の構築、とりわけ販路に結びついた技術指導を含めた支援対策が重要で

あることが明らかになった。今後、広域合併による行政の農業・農村振興策が手薄になっている状況のなか、現場レベルの支援主体が協力関係を強化し、より効果的な新規参入支援を行うことが一層求められるであろう。

注
（1）この販売高はJA、業者と個人出荷の合計となっている。2011年以降、同様な調査を行っていないが、2015年まではほぼ同じ水準で推移していると倉渕支所の担当者が推測する。
（2）1名は就農後に病死した。
（3）1名は就農時に、倉渕地域で適当な農地が見つからなかったため、隣する吾妻郡で農地と住居を確保し就農した。就農時から草の会正会員である。その他2名は、一度は倉渕地域に就農したが、家族の都合でそれぞれ出身地（岡山県、群馬県邑楽町）に戻り、再度就農した。
（4）2014年元事務局担当者が退職したため、後任は生産に詳しい人が望ましいということで、就農8年目のK氏（当時41歳）が後任となった。なお、当時K氏は一人で農業経営を行っていた。
（5）農林水産省「平成29（2017）年度新規就農者調査」によれば、39歳以下の新規参入者は全体の49.5％を占める。
（6）本書p.7を参照されたい。
（7）事業の内容は、①研修者の受入農家などに対し、研修指導経費として毎月5万円を支援することと、②研修者が借家する場合、3万円/月を上限に家賃の補助を行うものである。受入農家と研修者はそれぞれ条件が付けられている。受入農家は、農業経営士または青年農業士、「農業経営基盤強化促進法における認定農業者」のいずれかでなければならない。また、研修者は前述した「認定就農者」であると同時に、①原則として連続した6か月以上の研修であり、かつ月日数の2分の1以上は受入農家の研修指導を受けること、②群馬県内に居住し、研修終了後、計画期間内に県内で自ら農業経営を開始する者であること、③12か月を超えて本事業の支援を受ける場合は、最初に支援を受けてから3年を経過しない期間（支援上限：24か月）の研修であること、という条件を満たさなければならない。
（8）合併前は旧村役場。

（9）「平成12（2000）年度遊休農地実態調査」（旧役場資料）によっている。
（10）調査対象の全22名から就農開始年でまだ営農実績のない2名と、就農16年目でそれぞれ露地野菜から果樹へ、露地野菜から養鶏へ経営転換を図っている2名、計4名を除いた。
（11）「新規就農者の就農実態調査に関する調査結果―平成25（2013）年度―」（全国農業会議所）によれば、就農1、2年目での機械施設資金は435万円であり、そして作目別では販売金額第1位の作目が露地野菜の場合、228万円である。一方、倉渕地域の新規参入者就農時の農業機械投資額は平均136.2万円で、全国平均のわずか3割、露地野菜平均の6割に過ぎない。詳細は拙稿「農業への新規参入者の経営展開と地域における役割―群馬県旧・倉渕村を事例に―」（『地域政策研究』第9巻第2・3合併号、高崎経済大学地域政策学会、2007年2月）を参照されたい。
（12）「新規就農者（新規参入者）就農実態に関する調査結果―平成18（2006）年度―」（全国農業会議所）p.32を参照。ただし、当調査は新規参入者の平均就農経過年数が不明である。なお、「新規就農者の就農実態に関する調査結果―平成25（2013）年度―」によれば、露地野菜の売上高は平均365.7万円である。また、就農1年目は144.3万円、就農3年目は351.4万円となっている。
（13）聞取り調査によれば、前年の売上高が500万円であった。
（14）2006年から2010年まで、倉渕地域に新規参入者が11名増えた。そのうちの5名を対象にヒアリング調査を実施した。そのうち、就農2年目から4年目の3人はすでに面積を増やしており、1人は就農時100aだった農地をその2.5倍の250aに拡大している。後の2人は、今後さらに拡大し、就農時の2.5倍まで拡大予定という。また、就農2年目の新規参入者は、面積こそ変わっていないが、ハウスを増設する予定であるため、事実上経営規模の拡大を図っている。最も就農年数の短い新規参入者（1年目）でも今後は現在の面積の2倍、約140aまで増やす予定という。
（15）一部の新規参入者は雨よけなど、簡易ハウスの栽培も行っている。
（16）ヒアリング調査ではできるだけ農地の借り入れと返却を把握しようとしたが、調査対象によっては、すべての変化を網羅されていない可能性がある。ただし、面積には相違がない。

第**3**章
JAが取り組む新規就農支援
―JA上伊那の新規就農支援事例―

第1節　JA上伊那における新規就農支援事業

1　JA上伊那と管内の農業

　JA上伊那は、1996年に5JAの合併によって設立し、長野県の南部、中央アルプスと南アルプスに囲まれた伊那谷にある2市3町3村（伊那市、駒ヶ根市、辰野町、箕輪町、飯島町、南箕輪村、中川村、宮田村）を管内とする広域農協である（図3-1）。2018年現在、管内は人口約19万人、世帯数6.8万世帯、総土地面積1,348.28km^{2}である。組合員が30,636人、そのうち、正組合員15,963人、准組合員14,673人である。そして、役員が39人、職員907人である。さらに、資本金総額は205億円、貯金2,720億円である[1]。

　2015年度の農産物販売額は約140.7億円であり、このうち米穀が最も多く、全体の28％を占める。次いで、キノコが15％、野菜が15％、畜産10％となっている（図3-2）。また、農産物のうち、販売額1億円以上の品目は25品目にのぼる。そのうち、上位10品目は米（36億円）、シメジ（14億円）、アルストロメリア（10億円）、生乳（6.9億円）、アスパラガス（4.3億円）、白ネギ（4.3億円）、なめこ（4.2億円）、ブロッコリー（3.6億円）、スイートコーン（2.8億円）とトルコキキョウ（2.3億円）である。特に、アルストロメリアは日本一の生産量を誇る。ま

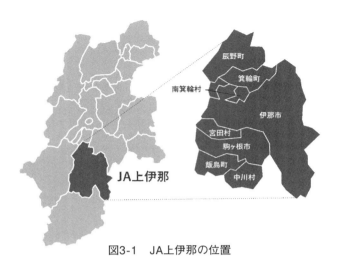

図3-1　JA上伊那の位置

出所：JA上伊那ホームページより

た白ネギは、2012年の販売金額が2004年比で2倍強にもなり、管内の重点品目となっている。このように、上伊那地域は水稲を中心としながらも、園芸・畜産など多様な農畜産物を生産する農業地帯である。

　一方、経営耕地面積と農家数の推移をみると、厳しい状況が伺える。**表3-1**は近年JA上伊那管内における農業概況を示している。これによれば、2000年から2015年まで、管内の経営耕地面積は1万531haから9,344haへ減少したが、減少率は11.3％と長野県平均（17.0％）よりは低い。しかし、地目別にみてみると、田6.1％の減少率に対して、畑が22.8％、樹園地が24.0％と長野県の平均（15.7％、18.1％）を大きく上回ることが分かる。

　また、農家数をみれば、総農家数が1万2,501戸から1万1,193戸に減少し、減少率は10.5％と長野県平均（13.8％）より低い。しかし、販売農家をみると、8,857戸から4,973戸に大幅に減少し、減少率は43.9％にも上る。長野県の31.3％を12.6ポイントも上回っている。さ

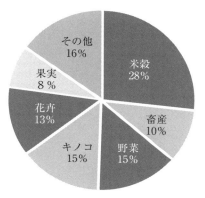

図3-2 品目別の生産物販売高（2015年）
出所：JA上伊那資料より筆者作成

表3-1 JA上伊那管内の農業概況

	年次	経営耕地面積（ha）				農家数（戸）		基幹的農業従事者の高齢化率
		計	田	畑	樹園地	総農家	販売農家	
JA上伊那管内(注)	2000年	10,531	7,314	2,560	658	12,501	8,857	60.8%
	2015年	9,344	6,870	1,976	500	11,193	4,973	74.3%
	減少率	11.3%	6.1%	22.8%	24.0%	10.5%	43.9%	－
長野県	2000年	89,342	49,004	26,007	14,331	136,033	90,401	57.4%
	2015年	74,150	40,508	21,911	11,731	117,316	62,076	69.0%
	減少率	17.0%	17.3%	15.7%	18.1%	13.8%	31.3%	－

注：JA上伊那管内とは伊那市、駒ヶ根市、辰野町、箕輪町、飯島町、南箕輪村、中川村と宮田村の合計数値となる。
出所：農林業センサス（各年次）

らに、基幹的農業従事者の高齢化率は60.8％から74.3％にまで上昇しており、長野県と比べて割合が高く上昇幅も大きい。

　JA上伊那管内においては、兼業農家率（74.3％）が高く、集落営農組織の推進により、水田はある程度維持されている。しかし、畑地や樹園地は厳しい状況に直面している。さらに、担い手の高齢化と急激な減少は農業生産に打撃を与え、とりわけ畑作と果樹においては、担

い手の育成が一層強く求められている。こうした危機感から、JA上伊那は約20年前から新規就農支援に取り組み、農業インターン研修制度という研修制度をはじめ、独自な支援策を次々導入し、担い手の育成を試みた。

2 新規就農支援に取り組む経緯

(1) 農業インターン研修制度の創設

JA上伊那管内で新規就農支援事業に取り組まれたのは、90年代初めの旧伊那農協時代に遡る。当時、地域の高齢化によって、労働力不足の問題が露呈していた。農家は労働力確保の一環として臨時雇用を入れたが、中には独立就農を希望する者が現れ、農協に相談するケースも増えた。一方、栽培技術以外、農地や資金などをサポートするのは個別農家にとって負担が大きい。また、将来的に後継者不足を解決するのに、地域外からの就農希望者やUターンする農家子弟を育成する対策が必要という判断で、旧伊那農協は農業インターン研修制度を創設し、研修生を受け入れるようになった。

農業インターン研修制度の主な内容は独立就農を希望する者（原則として18歳から45歳まで）が、農協の臨時職員となり、専任職員の指導の下で、最長2年間の研修を受ける。研修期間中は、月13万円の手当が支給されると同時に、社会保険にも加入する。その費用は農協と伊那市が折半で支出する。こうして新規就農研修事業が制度化した。

(2) 農協合併にともなう事業の拡大

1996年に農協の広域合併にともない、農業インターン研修制度はJA上伊那に継承され、さらに伊那市以外の7つの地区にまで広まった。そして当該市町村と研修費用の半分を分担することが合意された。ま

た、研修内容について、農閑期に座学や選果場の研修、市場見学など、内容の充実も図られた。

　この時期、長野県の新規就農支援も本格化した。1993年に、長野県、市町村、農協および連合会の共同出資によって、長野県農業担い手育成基金が設立された。それによって、新規就農相談事業や県内各関連機関の情報交換と連携が強化され、以降就農希望者が徐々に増加した。

（3）地域内連携体制の構築

　2003年に長野県では「新規就農里親制度」[2]が導入され、新規就農支援において地域の関係機関による連携が一層求められるようになった。そんななか、JA上伊那と上伊那農業改良普及センター、各市町村、農業開発公社、農業経営者協会、市町村農業委員会、地区営農センター、振興センター、営農支援センター、地区営農組合、法人など、地域のすべての農業関係機関を包括する「上伊那地区新規就農連絡会議」(以下、連絡会議とする) が立ち上げられ、連絡会議はJAと普及センターが主導し就農支援の役割を担う。

　連絡会議は定期的に会議を開き、新規参入者に関する情報を共有し、個別案件の課題、解決策について話し合いを行う。毎年6月に、研修（農業インターン研修、里親研修などを含む）を終えた就農予定者を対象に、連絡会議主催の激励会が開催される。その際、就農予定者、先輩就農者そして里親やJAの指導員など、研修中サポートしていた関係者らが一堂に会し、研修生の研修報告だけでなく、先輩就農者による経験談も行われる。会合は新規参入者同士のネットワークづくりの機会にもなっている。

　こうしたJA上伊那管内において、新規就農支援に関する連携体制の構築によって、新規参入者への支援がより充実するようになった。

（4）国の支援制度に合わせた支援策の強化

　2012年、青年就農給付金制度（現・農業次世代人材投資事業）の実施が開始した。また、その前に「農の雇用事業」も導入され、多様な就農形態に対応する支援の強化が次第に求められるようになった。JA上伊那は行政との連携をとりながら、農業インターン研修制度を活かして、農外からの新規参入者だけでなく、農家子弟、法人就農者への支援も強化した。さらに就農後の営農について補助の上乗せなどを通して新規参入者に支援を手厚くしている。また、2016年度からJA上伊那管外から移住してきた新規参入者を対象に、月に2万円の住宅援助制度（最長3年利用）を設けた。こうして、国や県の支援制度に合わせ、就農前だけでなく、就農後についても手厚い支援が行われている。

　また、JAが作成した地域農業振興対策の中で、新規参入者を担い手として明確に位置づけた。具体的には、2012年に制定されたJA上伊那の「中期計画」（2013〜2015年）の中、「多様な担い手が意欲を持って取り組める持続可能な農業の実現、とりわけ地域農業振興ビジョンの実践による農業生産基盤強化と生産者手取りの重視」を掲げ、そのための担い手対策について、①集落営農法人の育成、②個人規模拡大への支援、③新規参入者支援という3本柱が立てられた。さらに、2016年に地域営農ビジョンにおける5つの重点戦略の1番目として、「新たな農業経営体の育成・確保」が挙げられた。独自のJA農業インターン研修制度及び就農準備校、里親研修（長野県の新規就農研修制度）などの制度を活用した新規参入者を確保したうえ、実践塾や各種セミナー等による新規参入者を育成することを打ち出した。また、就農後はJAと連携した経営の複合化などを含め農業経営改善の支援を

行うとともに、農地の利用集積などによる規模拡大の推進、連絡会議による関係機関との情報交換など、広範にわたる対策が講じられた。

3　就農ルート別支援体制の構築

　JA上伊那管内の新規就農支援における最大の特徴は、多様なニーズに対応する支援体制の確立である。**図3-3**のように、新規就農希望者がJAの本支所、普及センターもしくは行政など、いずれかの窓口で相談をした場合、その情報は各関係機関に共有される。対応した担当者は基本的な意思を確認したうえ、本人とJA、市役所そして普及センターの担当者による四者面談をセッティングする。面談の際に、動機や経歴のほか、希望する作目、研修制度、経営形態などに関するヒアリングを行う。それを踏まえ、新規参入、法人就農、農家子弟のUターン就農など、それぞれの事情にそって、サポート体制をつくっていく。

　長野県は、以前から里親研修制度をはじめ県独自の新規就農支援策を行ってきた。JA上伊那もJAグループのなかで全国に先駆けて農業インターン研修制度を創設し、新規就農支援に取り組んできた。くわえて農の雇用事業、青年就農給付金制度（現・農業次世代人材投資事業）など、国の支援制度も実施され、支援策は一層充実してきた。そのため、就農ルートも多様化してきた。それに対応するため、JA上伊那は、関係機関と連携のもとで、就農ルート別に支援体制を確立させている。

　前掲**図3-3**で示されているように、県や国の研修制度（里親制度、農業次世代人材投資事業など）を利用する場合は、普及センターが主担当となり、JAと市役所（役場）がサポートする。一方、JAの農業インターン研修制度を希望する場合、JAの新規就農支援専門部署が

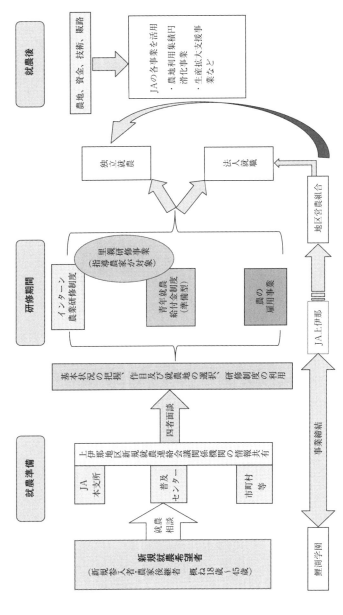

図3-3 JA上伊那における新規就農支援体制

注：上伊那地区新規就農連絡会議は、上伊那農業改良普及センター、市町村、JA、農業開発公社、農業経営者協会、市町村農業委員会、地区農業センター、振興センター、営農センター、地区営農組合、法人などから構成されている。
出所：JA上伊那資料より筆者作成

研修から独立まで全面的に支援することになる。最近、農の雇用事業を経て就農を希望する者、あるいは他地域で研修を受けた就農希望者が増えており、そういったケースもJAは積極的に対応している。また、自営就農ではなく、法人就農を希望する者に対して、JAの子会社や法人化した集落営農組織へ斡旋を行うケースも少なくない。さらに、2013年、JA上伊那は伊那市とともに、鯉渕学園農業栄養専門学校と協定を結び、学園の卒業生を新規就農（新規参入と法人就農を含む）を前提に受け入れる仕組みを構築した。

4　農業インターン研修制度

（1）制度の概要

　農業インターン研修制度はJA上伊那管内において、新規参入者及び技術未習得の農家子弟（学卒就農とUターン就農を含む）の新規就農をサポートする重要な制度である。**図3-4**は当制度の研修生として採用されるまでの流れを示したものである。

　申し込み手続きは以下の手順で行われる。まず、電話問い合わせや直接来所の際に、本人の就農準備や営農計画について、担当者が口頭でヒアリングを行う。適性があると判断された就農希望者は、前年の10月までに、窓口となるJA各支所営農課に書類を提出する。その際に、予備審査用紙が配布されるが、そのなかには、本人および家族の基本状況の他、就農動機、目指す農業の姿、就農準備資金、JAとの関わり方に関する項目が設けられている。初回の審査は、この予備審査用紙とその他の提出書類を基に行い、通過した人は年度末に最終面接に参加する。最終面接はJA上伊那営農担当常務、部長、営農指導員と、市町村・農業委員会の関係者が合同で行うことになっている。その際には、就農準備と就農計画などについて、より詳細なことがチェック

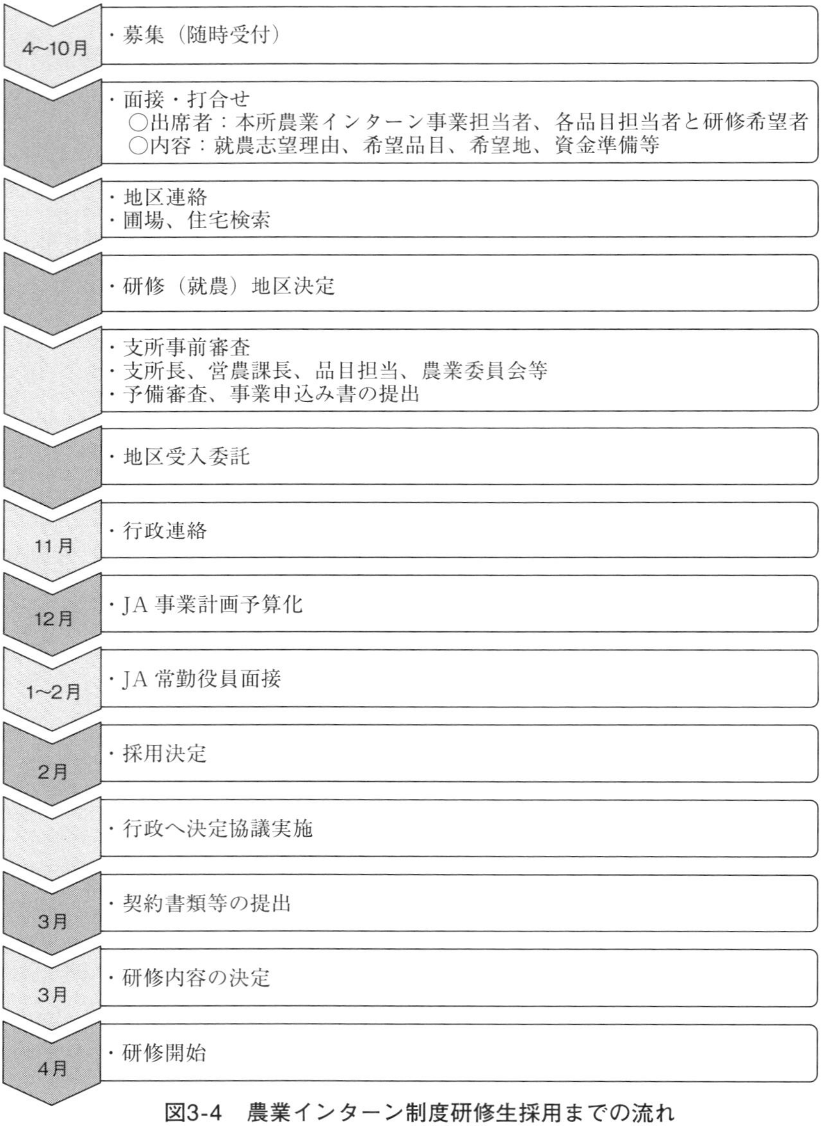

4〜10月	・募集（随時受付）
	・面接・打合せ 　○出席者：本所農業インターン事業担当者、各品目担当者と研修希望者 　○内容：就農志望理由、希望品目、希望地、資金準備等
	・地区連絡 ・圃場、住宅検索
	・研修（就農）地区決定
	・支所事前審査 ・支所長、営農課長、品目担当、農業委員会等 ・予備審査、事業申込み書の提出
	・地区受入委託
11月	・行政連絡
12月	・JA事業計画予算化
1〜2月	・JA常勤役員面接
2月	・採用決定
	・行政へ決定協議実施
3月	・契約書類等の提出
3月	・研修内容の決定
4月	・研修開始

図3-4　農業インターン制度研修生採用までの流れ

出所：JA上伊那資料より筆者作成

され、それによって研修の可否が決まる。

　合格した人は基本的に4月から研修をスタートするが、その研修はJA上伊那管内の篤農家やJA出資法人で行われる。JAの営農指導担当部署はあらかじめ、各研修生の就農計画に沿ってカリキュラムを作成する。**表3-2**は野菜栽培を目指すある研修生のカリキュラムの一例である。この例ではJA出資法人貝沼菜園と農事組合法人南福地ファームが主な研修先である。4～12月までは野菜の栽培、収穫作業を中心とし、その品目は主に春キャベツ、白ネギ、ブロッコリーといったJA上伊那の重点品目や推進品目である。野菜作業の合間、5～9月の間には、稲作の作業も行う。上記の主要作物の他、本人が希望すれば、インゲンやピーマン、トウガラシなどJAが導入する新品目の実習も可能である。

　翌年の1～3月の農閑期には、日常的圃場管理作業の他、市場研修や土壌分析など経営感覚と技術を磨く研修内容が設けられている。また、農作業研修の傍ら、青色申告、パソコンの実習など農業経営に不可欠な管理能力を養成する内容もある。

　研修期間は、露地野菜や施設園芸の場合、原則として1年間となっているが、実際の研修結果を見て、延長することも少なくない。果樹など栽培期間の長い品目は、2～3年研修する例も少なくない。なお、インターン研修制度は単年度契約と定められているため、延長する場合は再度申請しなければならない。

（2）農業インターン研修制度の実績

　農業を開始した1996年から毎年2～6人が研修を受け、2016年まで計82人の研修生がこの制度を利用した。そのうち63人が、JA上伊那管内に独立就農しており、6人が現在研修中である。就農率（研修生

表3-2 農業インターン研修生のカリキュラム（例）

研修期間：　　　年　　　　　　　　　　　　　支所名　　　　　　　　　　　　　JA上伊那富県支所
（1年次・2年次・3年次）　　　　　　　　　　インターン生氏名　　　　　　　　○○ ○○
　　　　　　　　　　　　　　　　　　　　　　　カリキュラム作成者　　　　　　　○○ ○○

月	研修先	研修内容				
		作物栽培技術習得		検討作物	経営管理能力向上	
		主要作物	作物		資格取得	その他
4月	貝沼菜園 農）南福地ファーム	春キャベツ、白ねぎ	加工トマト、ブロッコリー	インゲン播種	作業機の運転、管理機等の操作	
5月	新山機械組合 農）南福地ファーム	大麦、ブロッコリー	水稲	キャベツ	田植機・防除機の操作	
6月	貝沼菜園・新山機械組合 農）南福地ファーム	キャベツの収穫	白ねぎの防除	ピーマンの定植	機械オペレータ技術向上	
7月	貝沼菜園 農）南福地ファーム	キャベツ収穫	水稲			
8月	貝沼菜園・新山機械組合 農）南福地ファーム	レッドキャベツ 加工トマト	水稲	トウガラシ収穫		
9月	貝沼菜園・新山機械組合 農）南福地ファーム	キャベツ収穫	水稲	トウガラシ収穫		
10月	貝沼菜園・新山機械組合 農）南福地ファーム	水稲コンバイン	キャベツ収穫	大麦播種		
11月	貝沼菜園・新山機械組合 農）南福地ファーム	大豆刈取	そば刈取	青壮年部案山子作り		
12月	貝沼菜園・新山機械組合 農）南福地ファーム	白ねぎ作業	白ねぎ刈取	機械銀行	農業経営青色申告	
1月	貝沼菜園・新山機械組合 農）南福地ファーム	圃場管理	市場研修	促成アスパラ	パソコン実習 園芸振興大会	
2月	貝沼菜園・普及センター・JA上伊那 農）南福地ファーム	各種反省会	土壌分析	栽培計画	施肥・防除講習会	
3月	貝沼菜園・新山機械組合 農）南福地ファーム	野菜播種作業	堆肥・石灰散布	アスパラガス管理		

出所：JA上伊那資料より筆者加筆

も含む）は83％と非常に高い。経営内容では、野菜が31人と51％を占める。次いで果樹が15人（25％）、花卉が8人（13％）、水稲と肉牛はそれぞれ4人（7％）と2人（3％）となっている（**図3-5**）。すなわち、新規参入者の経営内容は畑作と果樹を主としていることが分かる。これは畑と樹園地の急激な減少に歯止めを掛ける上で、かなり効果があると考えられる。

また、新規参入者の年齢別では、50代もいるが、20代と30代が最も多い。彼らの就農および定着は地域農業担い手の育成と産地維持には大きな意味を持つ。さらに、JA担当者によれば、定着した新規参入者は年間500万円から2,000万円の売上があり、ほとんどが経営を順調に進めている。新規参入者の定着は、JAの利用にもつながっている。これまで販売では3.6億円、購買では1.7億円が増えたと推測されている。

また、農業の実施は、地域全体における新規参入者の安定的増加に大きく寄与している。**図3-6**は2000年以降、上伊那地域における新規

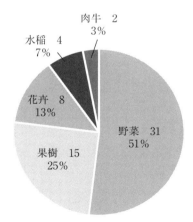

図3-5　農業インターン研修制度を利用した新規参入者の経営内容
資料：JA上伊那資料より筆者作成

就農者数の推移を示すものである。これによれば、2000年以降、年度によって変動があるものの、毎年数名から20名前後の新規参入者が継続的に就農している。新規就農者数の変動の背景には、経済情勢と関連する農業政策の変化があると考えられる。特に2008年のリーマンショック後に「農の雇用事業」が実施され、法人就農者数が急増した。一方、農家子弟のUターン就農者と新規参入者はほぼ安定的に推移してきた。

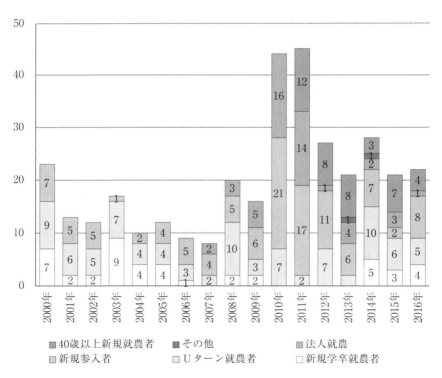

図3-6　JA上伊那管内における新規就農者数（2000年～2016年）
出所：JA上伊那資料より筆者作成

（3）新規参入者定着の効果

　農業インターン研修制度が開始して16年間、新規参入者が確実に増えている。JAによれば、これまで就農した新規参入者は、法人就農を除いた独立就農者全体の３分の１を占めるとのことである。彼らの定着は、担い手の確保、農地利用の促進、そして産地の維持に重要な意味を持っている。と同時に、その波及効果も無視できない。まず、上伊那地区の新規就農の認知度が高まり、全国各地から新規参入者がやってくるようになった。早期に就農した新規参入者が上伊那地区に定着し、経営が順調に展開したことは新たな新規参入者を呼び込むことにつながっている。実際に、1998年に就農した愛知県出身の新規参入者は経営が軌道に乗り熟練農家へと成長し、これまで数名の研修生を受け入れ就農させた。

　また、農業インターン研修制度の実施は、農家子弟にも就農意思を後押しする効果があり、後継者不足の緩和にプラスの効果をもたらしていることも指摘しておきたい。

第２節　新規参入者の事例

はじめに

　第１節で説明したように、JA上伊那は農業インターン研修制度の創設を皮切りに、新規参入支援に取り組んできた。そして、時代の変化とともに、地域農業の実情に合わせて、その支援の内容を充実させてきた。その結果、この20年あまり新規参入者をはじめ、数多くの新規参入者を輩出し、地域の新たな担い手を育成した。この節では、こうした多様な新規就農者の事例を６つ取り上げ、彼らの就農実態を分析する。６事例のうち、農業インターン研修制度を利用した事例は４事例で、そのうち、新規参入が２事例、農家子弟のUターンと法人就

農（新規雇用就農）がそれぞれ1事例である。その他、農業次世代人材投資事業を活用して新規参入した事例も2つ取り上げる。

1　新規参入者から地域リーダーへ

ここでリンゴ農家として宮田村に就農したSY氏の事例を取り上げる。

（1）就農経緯

SY氏は41歳（調査時現在）、就農13年目のリンゴ専業農家である。以前から食と農に関心を持ち、大学でも農業関係の学科を専攻していた。卒業後一旦飲食業に就職したものの、業界の食品ロスなどに違和感を抱き、生産者になろうと転職を考え始めた。就農情報を収集する過程でIターン・Uターン雑誌に掲載された就農相談セミナーの広告が目に留まり、そのまま就農相談セミナーに参加した。

リンゴが一番好きな果物という本人の思いから、最初からリンゴを作目として決めていた。就農地を選ぶ時は、関西からもアクセスしやすいリンゴ産地の長野県を第一候補にした。セミナーで長野県就農窓口の担当者に相談したところ、話が順調に進み、その後就農を前提に研修を受けることになった。

（2）就農準備——3年間かけての独立
（ア）長野県研修制度の活用

2003年、就農セミナーに参加して数カ月後に、SY氏は長野に引っ越し、研修を開始した。1年目は長野県農業大学校の研修部で「プロジェクト研修」[3]を受講しながら、週に2、3回佐久市（T氏）と小諸市のリンゴ農家へ技術の勉強にも通っていた。2年目は佐久市のT氏の下で集中的に技術研修を受けた。

（イ）宮田村リンゴ団地への入植

　研修とともに就農準備も進めていたが、最大の課題である農地はなかなか解決できなかった。SY氏は里親農家のいる佐久市での就農を希望し、農地を探していたが、市街地化が進んでいたため、適当な農地を確保することはできなかった。その折に、農業大学校の後輩から宮田村の農地情報を入手し現地を訪れた。

　空いていた農地は、宮田村にある三つの果樹団地のうちの一つに位置する。一角にまとまった約1.3ha、大半は成園である。この団地は、リンゴ生産の最盛期だった70年代に、生産拡大を図るためにJA主導で建設されたものであった。しかし、団地の完成とほぼ同時に、リンゴ価格の下落が始まり、予定通りの生産者の入植は実現できなかった。また、一度は団地に入植したものの、不採算のため撤退してしまった例も少なくなかった。やむを得ず、生産者が決まるまでの間、JAと行政の職員が定期的に管理作業を行っていた。そのため、農地の状態は比較的良好であった。

　JAの担当者は親切丁寧に対応してくれたが、里親と離れることを躊躇し、SY氏は即決できなかった。しかし、その後も毎月1、2回現地へ行き、作業手伝いをしながら農地状況を確認した。その際、一緒に作業したJAの元職員、行政担当者らは地域の状況もいろいろ説明してくれた。その上、佐久市の里親からの後押しもあり、半年後SY氏は宮田村への就農を決断した。その直後、JAの担当者が団地から3km離れた場所にある空き家を見つけ、相場のほぼ半額（2万円/月）で家賃まで交渉してくれた。

　2004年12月にSY氏は宮田村に移住し、翌年4月から里親研修の2年目とJAの農業インターン研修を並行する形で研修を再スタートさせた[4]。農業インターン研修制度の研修生はJA臨時職員のため、毎

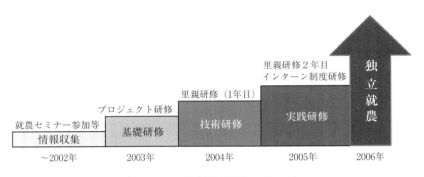

図3-7　SY氏新規就農のステップ

出所：聞取り調査より筆者作成

日朝礼に出席することが義務付けられている。その際に、営農指導員と顔を合わせ、当日の作業内容を確認し、それから実働に出るという流れで研修は進められた。研修作業は前出したリンゴ園で、以前から管理作業をしていたJAの元職員と一緒に行う。技術に関する不明点は元職員のほか、営農指導員、普及センターの担当者に聞き、そして定期的に佐久の里親を訪ねるなどで解決を図っていた。それだけでなく、各種の勉強会、研修会にも積極的に足を運んでいた。

また、研修期間中はJAの臨時職員であるため、出荷はできない。しかし、経営感覚を早期に身に付けるため、研修2年目に、独立に向けての「実践研修」として、就農を前提に借り入れた成園で模擬経営を行っていた。個人ではなく「宮田リンゴ会」の名義で資材購入や出荷をした。結果として失敗を恐れず、実際の経営を独立前に経験できた（図3-7）。

（3）初年度からの順調な経営展開

2006年、研修中に出会った上伊那管内出身の女性と結婚した後に正

式に独立就農した。3年間充実した研修を経たこともあり、初年度から売上500万円の黒字収支であった。就農3年目に農地をさらに30aを増やし、売上も800万円まで伸ばした。就農4年目に奥さんが出産し、労働力と作業時間がともに減少し、それによって売上が一時700万円まで落ち込んだが、その後奥さんの農作業復帰と臨時雇用を増やしたことで、売上が再び伸びはじめた。そして、成園面積や品種の増加に伴い、7年目には一気に1,200万円に達し、さらにその翌年には1,500万円も売り上げた。その後、天候不順などによって多少減少した年（就農12年目）があるものの、ほぼ1,500万円の水準で売上は推移してきた。また、就農12年目に半矮化技術にチャレンジするため、すでに借り入れた農地の隣で新たに30aを追加した（**図3-8**）。

現在約50品種を栽培しており、出荷時期は8月のはじめから翌年の

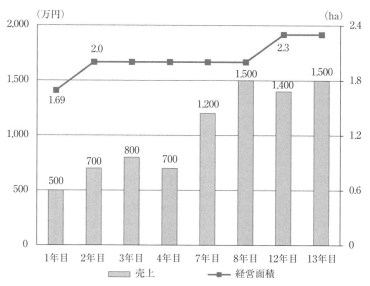

図3-8　SY氏の就農後の経営耕地と売上の推移

出所：聞取り調査より筆者作成

3月末までの8カ月にわたる。出荷先はJA（45％）、個人宅配（45％）と直売所（JA運営）の三つに分かれるが、JAへの出荷分は共販が少なく、ほとんどスーパーとの契約栽培である。そのうち、東京にあるスーパーヴェルジェが9割、東海地域で展開しているスーパーアオキは約1割である。個人宅配の対象は、主に大阪、岐阜に住む親戚・友人・知人であり、年間200から300人に上り、そのほとんどがリピータである。また、JA上伊那直営の直売所にもシーズンを通して出荷している。生食のほか、喬木村にある加工業者にジュースの加工も委託し、年間約3,000本を販売している。

　就農当時に、農地と住居はJA担当者の協力もあり順調に確保できたものの、労働力と資金面ではかなり苦労した。

　まず、労働力である。独立した時に、農地は研修時より40 a近く増え、その翌年にはさらに30 aぐらいが追加され、就農2年目にしてすでに2 haの経営規模になっていた。その農地はいずれもすでに借り入れた農地のすぐ隣にあり、リタイアした、もしくは規模縮小しようとした農家から依頼を受けて借り入れたものである。その中で、半分以上が成園であり、夫婦2人だけでは作業が間に合わない。そのため、JAの元職員や勉強会で知り合った元農家、そして子供の保育園の保護者など、様々なルートで臨時雇用の確保に努めた。また、就農4年目は奥さんの出産と重なり、とにかく労働力の安定的確保が経営の一番課題であった。作業負担を軽減するため、古い木を切って、収穫時期の違う品種に改植し、出荷時期をずらすことなど、様々な工夫をした。その結果、現在50品種、8カ月の出荷期を維持できる生産・販売体制を確立できた。労働力は現在夫婦のほか、5人（うち3人常時、2人繁忙期のみ）を雇用している。なお、年間雇用労働時間は約1,000時間[5]である。

表3-3　農業機械の購入・所有状況

機械名	金額	資金調達方法	購入時の状態	購入時期	備考
乗用モア（1台目）	10～20万円	自己資金	中古	就農時	-
乗用モア（2台目）	120万円	制度資金	新品	就農3年目	近代化資金より100万円融資、4年間で返済
乗用モア（3台目）	120万円	自己資金	新品	就農8年目	2台目を下取りに一括購入
トラクター（23馬力）	240万円	JA融資	新品	就農9年目	農業生産資金「豊年満作」
フリールモア	230万円	JA融資	新品	就農9年目	同上

出所：聞取り調査より筆者作成

　また、研修及び就農初期には、資金不足の悩みも抱えていた。ほとんど準備資金がないまま研修をスタートしたため、SY氏は研修1年目はアルバイトで生活を支えていた。宮田村に移住した後でもしばらくはJAの紹介でA-COOPで販売補助作業をして、生活費を稼いでいた。と同時に、利用可能な公的資金の情報を収集し、積極的に利用した。具体的には、プロジェクト研修と里親研修の3年間に長野県担い手基金から月2万円～4万円の研修補助金[6]を受領していた。その他にも、住居助成金（1万円/月）、農地賃借料助成金、就農祝い金などの補助を受けた。

　一方、農業機械への投資は極力控えた。園地作業に必須な乗用モアは十数万円で中古品を購入した。またスピードスプレイヤーは団地の共同防除に参加したため購入を回避できた。就農3年目、経営の目処が立った時に、初めて近代化資金より100万円を借り入れ、新品の乗用モアを購入した（**表3-3**）。

　技術面では引き続きJAの営農指導員と普及センターの普及員の指導を受ける他、様々な研修会に関する情報を自ら収集し、積極的に勉強に出かけた。

（4）新しい販路の開拓

　SY氏が就農当時、JA出荷と個人宅配を組み合わせた販売体制をとっていた。しかし、当初JA出荷は市場出荷を軸にしており、市場価格の乱高下で経営が不安定であった。また異なる等級でも出荷価格の差が少ないため、経営努力が価格に反映されにくい。それを経験したSY氏は徐々に市場出荷の割合を減らし、個人宅配へシフトした。就農5、6年目ごろ、個人宅配の割合は売上全体の6、7割を占め、顧客は年間延べ300人に上った。あとの3割は、2割がJAの共撰共販で市場出荷へ、1割はJAの直売所に出荷していた。

　一方、個人宅配の顧客はほとんどリピータ、うち高齢者の割合が高い。今後さらに高齢化が進んだら、新しい顧客を獲得しない限り長期的に経営が不安定になることが予想される。他方、JA上伊那と行政が継続的に新規参入者を受け入れてきたこともあり、新規参入者が年々増えている。しかし、彼らは従来のように、市場出荷だけで経営を成り立たせるのは極めて難しい。また、全員が個人宅配の手間や販路開拓の労力をかけられるという状況でもない。組織的に販路の開拓に取り組む必要がある。

　そんななか、2012年宮田村果樹団地建設30周年記念を機に、SY氏が仲間と一緒に「宮田村のリンゴを考える会」（以下「考える会」とする）という販売を目的とするリンゴ生産者グループを立ち上げ、JA経由で東京を中心に展開するスーパーヴェルジェと契約栽培の取引を始めた。この販売グループは現在8名、新規参入者と既存農家とそれぞれ約半分を占める。売上は取組開始初年度に360万円であったが、3年目で2.3倍の840万円になった。

（5）地域リーダーへと成長

（ア）地域への溶け込み

　SY氏は研修時から里親農家やJAの職員からよく面倒を見てもらったこともあり、地域とのつながりを重視してきた。特に宮田村は水田を中心とした地域（リンゴは減反政策によって導入された品目）であり、村住民のつながりが強く、さまざまな行事も多い。村民運動会や寄り合いなどはもちろん、農業者の活動にSY氏は特に積極的に参加してきた。その結果、就農3年目に「村農業者クラブ」（4Hクラブの下部組織）会長に選ばれた。就任後それまでの親睦活動を継続する一方、新たに研修会や視察などの営農に関わる活動を組み入れた。

　現在SY氏はJA青壮年部宮田村支部長、JA上伊那果樹部会副支部長、リンゴ副専門長、選果場の副場長など複数の役員を担当している。役職は宮田村にとどまらず、上伊那管内全域にわたっている。そのため、地域全体のことを考えるようになった。

（イ）新規参入者の研修を受け入れる指導農家へ

　SY氏が就農した時に、宮田村は遊休農地が村内に多く点在し、若者が少なく、農業に携わっているのはほとんど高齢農家であった。その高齢農家たちも、あと数年でやめるとみんな口をそろえて言っていた。特に、リンゴは経営が不安定のため、継ごうと思う農家子弟がほとんどいない。農作業手伝いも、無理に手伝わされるケースが多い。そういう状況を目にしたSY氏は新規参入者をもっと増やさないと、この地域に将来がないと考えた。

　きっかけは研修仲間が先に長野県の里親制度に指導農家として登録したことであった。当時宮田村にまだ指導農家がいなかったが、JA、行政が積極的に新規就農を支援しているため、自分が新規参入者受け

入れの窓口になれれば地域に好循環が生まれるのではないかとSY氏は考えた。

そこで就農6年目に、普及センターに相談し里親農家として登録された。その直後に、AM氏を研修に受け入れた。1年目はSY氏の圃場で一緒に作業をしながら、技術を指導した。2年目はAM氏の就農予定農地で実践研修を行った。2年間の研修を経て、彼は宮田村に就農した。2人目の研修生も続いてやってきて、2年間の研修を受けまた宮田村で独立した。現在は3人目の研修生となるOG氏が研修2年目である。すでに農地が見つかり、研修終了後に宮田村に就農する予定である。

自身の研修経験からSY氏は、研修期間中に常に会える、相談できる相手と環境が大事と考え、そのため、研修期間中に頻繁に研修生の圃場を巡回するほか、勉強会、考える会の会合などにも研修生に参加してもらい、彼らに相談、コミュニケーションの場づくりを図っている。

2　中山間地域の活性化に取り組む新規参入者

山室地区のOZ氏は就農12年目（調査時）の新規参入者である。

（1）田舎暮らしを志望した就農

OZ氏は東京の通信メーカーに勤務していたが、田舎暮らしを希望し、その候補地探しに夫婦でよく車で出掛けていた。高遠町の桜を見に行った際に、山室地区に迷い込んだことをきっかけに、当地区に移住しようと考え始めた。その後、長野県庁へ相談した後、就農を前提に農業大学校研修部で基礎研修を受けることになった。2005年3月に正式に退職し、4月に研修をスタートした。平日は農業大学校の研修と

その近くにあるトマト農家での研修を掛けもち、週末は山室地区に通い、JAの職員から紹介された篤農家I氏の元でコメ作りの研修を受けていた。1年間後、研修終了にともない、県の里親研修制度とJA上伊那の農業インターン研修制度を同時に利用し、山室地区で実践研修を開始した。

その際に、I氏が農地や住居などの面倒をみてくれた。地域のリーダーで、農事組合法人初代の会長でもあるI氏は自家所有の農地の一部をOZ氏に貸した。予定していたトマト栽培をしようとしたが、中山間地域の山室地区では栽培歴がないということで、JAの職員や普及センターの指導員から作目変更を勧められた。しかし、いざ始めたら、営農課長をはじめ、JAの職員が2、3日に一回圃場指導に訪れたり、隣接する箕輪村のトマト農家を紹介したりするなど、サポートした。

また、I氏の斡旋のもと、OZ氏は以前地域活性化の補助金で建設し、後に廃業した焼肉センターの店舗を格安の家賃（1万円/月）で借り上げた。しかも年末払いという好条件であった。夫婦二人で数ヶ月をかけて改装工事を行い、2006年4月に引越しをした。その後2013年に、近くの空き家を購入し、家を建て替えた。

（2）野菜とコメの複合経営へ

2007年に農業インターン研修制度を卒業し、OZ氏は本格的に就農した。最初はハウストマトと稲作だけであったが、子供が生まれてから、少しずつ野菜品目を増やして、規模拡大してきた。現在作付け面積は1.6haで、雨よけハウストマト（8a）、ブロッコリー（20a）、ズッキーニ（8a）などの野菜のほか、水稲（56a）も栽培している。土地条件が悪いため、主力のトマトは収量が低い（5〜6t/10a）。そ

のため、段数を減らして本数を増やし、粗放的栽培方法で収量確保を図っている。トマトは桃太郎の大玉を中心としているが、中玉、小玉も栽培している。野菜は主にJAの直売所「ファーマーズあじ～な」に出荷している。毎日往復45kmにもなるが、消費者の顔が見えるから続ける予定である。水稲は全量JAに出荷している。年間売上は約500万円である。

（3）集落営農組織への取り組み

　OZ氏は就農当初から地域の集落営農組織の活動にかかわってきた。

　山室地区は標高900m、平均傾斜12度の地域に7集落が点在する典型的な中山間地域である。人口の220人はほとんどが高齢者である。総戸数は102戸、そのうち農家が98戸である。地区の耕地面積は40ha、そのうち水田が34ha、約85％を占める。昭和50年代から酒米を生産する稲作を主体とする地域であるが、圃場の平均規模が小さく（平均4～5a）、しかも分散しており、機械化が進まず、作業効率も低く、農業生産条件はかなり不利である。近年居住人口の減少によって、鳥獣害が多発し耕作環境は一層悪化した。さらに高齢化の進展および担い手不足の問題が加わり、農家の生産意欲が一層低下した。

　JAは管内各地区の状況に基づき、個別農家で生産困難な場合、農地を集落でまとめて効率的に栽培し、将来まで農地を守っていくという考えのもとで集落営農の育成を推進していた。山室地区では「明日の農業を考える会」を立ち上げ、集落営農ビジョンを作成した。約3年間の準備を経て、2005年9月に集落営農組織「農事組合法人　山室」が設立された。初代の代表理事はOZ氏の後見人でもあるI氏であった。立ち上げの準備期間中は地域で実践研修を受けた時と重なったため、OZ氏は集落の話し合いに参加し、最終的に5名の理事のうちの一人

として農事組合法人山室に加わった。

　集落営農組織は、個人組合員40名と1法人（JA上伊那）から構成されている。2017年に役員改選を行い役員は7名から9名（理事7名、監事2名）となった。また、専業農家はOZ氏のみ、役員はOZ氏（50代）を除けば全員70歳以上ということから、前会長I氏の推薦によって2代目の代表理事に選任された。

　OZ氏の努力のもと現在集落営農組織は直接経営、作業受託と都市住民との交流活動を行っている。直接経営では水稲（酒米の契約栽培、市民農園向けの飯米（コシヒカリ）、小麦と野菜を栽培している。2015年度の米の作付け面積は20.6ha、そのうち酒米が6割である。単年度収益は約400万円である。

　組合員農家は、田植え、刈り取り、小麦の播種、刈り取り、そば播種、そして追肥、防除、耕耘などの作業は共同作業として全員参加するが、日常的に草刈りや水見などは各農家に割り当てる。また、オペレータには作業労賃を支払う。

　今後は持続可能な営農（耕作）体系を確立するため、労働力の確保、園芸作物の導入、都市住民との交流の拡大及び販路の開拓が必要であり、そのために、新規参入者、農家子弟を含めた多様な新規就農者を育成することが重要だとOZ氏は考える。

（4）自ら新規参入者の受け入れへ

　地域の農家は高齢化が進み、しかもそのほとんどは後継者がいない。今後集落営農組織を維持し地域の農地を守っていくために、地域外からの人を受け入れることは不可欠だとOZ氏は考えている。しかし、山室地区は条件不利な中山間地域であるため、大規模の専業農家を目指す人には不向きである。自家の農業経営と集落営農組織の作業、そ

してその他の仕事とあわせてやらなければ、生活していくのは容易ではない。

こうした状況の中、OZ氏は、2人の新規参入者を山室地区に受け入れた。一人はOZ氏農業大学校の同期X氏（40代）である。X氏はいったん上田市の農業法人に就職したものの、3年間でやめ、紆余曲折を経てOZ氏のもとへ、1年間研修を受けた後に再度就農した。現在ハウストマト（3a）と水稲（25a）を栽培するほか、オペレーターとして、集落営農組織の機械作業を約半分請け負っている。なお、彼は農業次世代人材投資事業（開始型）を受給している。

もう一人、岐阜県出身のN氏（50歳）は移住を希望し、伊那市役所に相談したところOZ氏の元へ紹介された。JAの農業インターン研修制度を利用し現在研修2年目で、OZ氏名義で借りた農地を利用してトマトなどの野菜を栽培している。栽培計画から資材購入、肥培管理まで基本的に自分の判断で行っている。なお、肥料を含め、資材購入費用はOZ氏が負担するが、地代や機械使用料は年末にまとめて本人が支払う。住居は山室地区で確保できなかったため、隣の地区で空き家を借りて通作している。

OZ氏は農地、機械、栽培技術だけでなく、各制度の利用方法、地域、JA、農業関連団体とのかかわりなどについて指導や助言を行う。こうして、新規参入者に対して、里親の役割を果たし、彼らの農業者としての自立を支援している。

3　農業インターン研修制度を利用した農家子弟

TM氏は、調査時には農業インターン研修2年目で、実習研修を受けていた。地元の農家出身で、実家はコメ（9 ha）を中心に、大豆（3 ha）、大麦（1 ha）、野菜（1 ha）を栽培する農家である。

大学を卒業後、駒ヶ根市にある証券会社に就職し11年間勤めたが、会社の方針に違和感を覚え転職を考え始めた。一方、子供の時から水稲、野菜、花などの農作業手伝いの経験があった。また、前職の時に仕事を通じて農家とのお付き合いがあり、農業に若い担い手がいないことに危機感を覚えていた。転職を機に就農しようと考え、JAに相談した結果、農業インターン研修制度を利用することになった。

　研修は営農課が作成した研修カリキュラムに沿って、JA出資法人のかいぬま菜園、JA菜園と新山営農組合など、複数の研修先で野菜と水稲の栽培を中心に受けた。その他に、普及センターが主催する研修会に参加したり、自ら図書館で情報収集したりして、技術の習得を図っている。1年目の研修を通じて作業の流れを概ね覚えたが、応用力を身につけるには時間がかかる。また、法人が管理している山間地にある水田は、圃場が小さく作業が大変ということである。

　2年目になった現在、実践研修を受けながら就農に向けての準備を進めている。父親（61歳）がまだ現役農家ということもあり、実家経営と別に野菜を中心の経営を行う予定である。すでに離農農家から約2haの農地を借り入れ、その一部でハウスを建設している。農業機械は、実家やJAが所有するものを借りて対応しているため、新たに購入する必要はない。資材などを収納する格納庫は今後整備する予定である。

　栽培品目の主力はキャベツ、クレソンである。キャベツは研修中に種苗会社を通じて兵庫県にあるカット野菜の専門業者を紹介され、契約栽培の取り決めを交わしている。クレソンはJAの薦めで現在試験栽培中であるが、規模拡大する予定である。今後は、こうした安定して有利販売ができる販路をさらに増やしていく考えである。

　労働力は、奥さんが子育て中のため、TM氏以外は主に臨時雇用と知人のお手伝いに頼る。主に営農に関しては農業インターン研修の仲

間やJA青壮年部の仲間と情報交換を行っている。

　今後の目標は年間売上高400万円として掲げている。そのため、野菜の他、水田を2～3haを追加借り入れる予定である。

4　研修後法人への就職

　MZ氏は法人に就農して3年目（調査時）である。

　地元非農家出身ではあるが、祖父がリンゴ農家だったため、小さい頃に作業手伝いをしていた。子供の時から野球一筋で、高校卒業後に独立リーグに加入し、プロ選手として2年間プレーしていた。退団し就職活動をしていた際に、父親に勧められ就農を決意した。当初はリンゴ農家として独立就農を希望していたが、インターン研修で農事組合法人「まっくん野菜家」で野菜の栽培を教わり、徐々に興味を持つようになった。研修終了後、そのまま「まっくん野菜家」に就職した。現在MZ氏はすべての圃場の作業オペレーションを行うほか、農業実習生（1名、中国出身）の指導をし、自分も現場作業を担当している。

　農事組合法人「まっくん野菜家」は南箕輪村に位置する。村の東側にある河岸段丘地帯に広がる水田では、酒米を中心に稲作が行われ、その西にはアスパラガスなどの野菜畑や、カーネーションなどの花卉園芸団地、リンゴをはじめとする果樹地帯が広がっていた。しかし、後継者と担い手不足から地域農業への危機感が高まっていた。JA上伊那と行政の呼びかけによって、法人は2009年3月に設立された。現在理事5名、そのうち常勤の理事2名（30代と20代）である。その他、2010年から外国人農業実習生を受け入れ始めた。MZ氏が法人に就職した後、経営面積は設立した当初の6haから10haまで拡大し、ハウス（20a）と農業機械・設備（ネギ掘り取り機、人参洗い機、重量選別機、保冷庫など）を追加整備した。

経営耕地はすべて借地であり、また畑地が大半を占める。主要品目はアスパラ（1 ha）、ブロッコリー（2 ha）、ネギ（2 ha）、レタス（50 a）である。生産物は9割をJAへ出荷し、その他1割は直売所や学校給食、イベントを通じて販売している。法人の年間売上高は約3,800万円である。

　法人の主な課題は収益向上及び従業員の所得確保である。当法人はJA上伊那管内で数少ない畑作中心の法人であり、設立当初は経営が厳しく、赤字経営が3年間続いていた。その後、MZ氏が法人に加わり4年目に黒字に転じ、経営も徐々に軌道に乗った。研修期間中MZ氏は研修手当（13万円/月）と法人からの手当（7万円/月）を受領していた。法人は今後、若い新規雇用就農者を受け入れるには、給料確保のほか、社会保険の充実や昇給、休暇取得などの待遇の改善を図らなければならないと考えている。

5　専門学校との連携から生まれた新規就農者

　地域に1人でも多くの農業者を増やすため、JA上伊那は多様なルートを通じて人材確保を図っている。2013年にJA上伊那は伊那市、茨城県の農業専門学校「鯉渕学園農業栄養専門学校」と新規就農支援に関する三者間協定を締結し、学園卒業生の中から就農希望者を受け入れることとなった。締結後に、実施例の第1号となるMY氏は農事組合法人田原が受け入れた。

　MY氏は長野県安曇野市の出身で、鯉渕学園在学中に野菜栽培の専門知識を習得し、新規就農を希望していた。就農地を探す時に、学園の提携先であるJA上伊那が紹介された。MY氏はいずれ自営農業をしようと計画していたが、学園の実習と違う土地で就農することに、不安を抱えていた。JA上伊那は集落営農組織の農事組合法人田原に相

談し、法人として受け入れ、農地、住宅の確保から技術習得、生活指導まで、MY氏の就農を全面的に支援することを合意した。2014年に、農業次世代人材投資事業（経営開始型）を利用して就農した。

農業組合法人「田原」は、耕作放棄地の再生をきっかけに、2014年10月に設立された。2011年から2年間で耕作放棄地再生利用緊急対策交付金を活用し、16.9haの遊休化した桑園跡地を再生した。一方、農家高齢化の進展と後継者不在の中、地域農業を担いつつ、新たな担い手の育成が求められている。また、法人は水稲、野菜（白ネギ・ブロッコリー）、果樹（リンゴ）を栽培するほか、JAの推奨のもと、花卉（トルコキキョウ、アルストメリア）の規模拡大を図っていた。

MY氏は法人とJAと相談した結果、トルコキキョウとネギを主要品目として経営をスタートさせた。就農に必要な農地や施設は法人もしくは構成員農家が所有するものを借用する。具体的に、トルコキキョウ栽培用のパイプハウスは法人の育苗ハウスを活用し、田植が終わった6月に定植し、収穫する10月までの期間で賃貸契約を結ぶ。ネギ栽培用の農地は法人の構成員から借り入れている。また、トルコキキョウの栽培技術はベテラン花農家で、法人の事務局長を務めるSI氏から指導を受ける。さらに、トルコキキョウとネギの作業の隙間に、法人の稲刈りや収穫、そしてSI氏の花栽培の作業（間引きや収穫）を手伝う。

就農にあたり、法人の構成員農家の紹介で、地域で2万円/月の格安家賃で家を借りた。入居する前に、家主が家の修繕を負担してくれた。また同級生であった奥さんは、夫の就農と同時にJAの臨時職員として直売所で働くことになった。

こうしてJAと法人のサポートのもとでMY氏は完全な独立就農を目指している。

6　新たな団地建設による新規参入者の受入拡大

　2016年にJA上伊那は地域の花卉団地建設の一環として、新規参入者への経営サポートを開始した。対象は主に、農業インターン研修制度を利用せず管内農家での研修を経て就農する者である。

　管内の伊那市東春近榛原地域はトルコキキョウの生産が盛んな地域である。生産者100名超、年間売上3億円にものぼる部会があり、その部会は数年前にアグリバレーという育苗の法人を立ち上げた。その中心的役割を果たしているのはトルコキキョウの育種家で知られる篤農家IT氏である。

　当地域では、ここ数年生産拡大の一環として、新たに団地建設の計画が進められている。直近の目標は地域のまとまった遊休農地を5年間で2ha活用するものである。生産者は部会の農家に呼びかけると同時に、積極的に新規参入者を受け入れる体制を整えている。

　2016年現在、2組の研修生がIT氏個人の法人フロムシードに受け入れられ、トルコキキョウ栽培の技術を勉強している。A組は夫（50代）が「農の雇用」事業、妻（40代）は農業次世代人材投資事業（準備型）を利用している。フロムシードで研修を受けながら、春近地区の法人が所有する育苗ハウスを借りて試験的にトルコキキョウを栽培し出荷もしている。2017年春から団地で、自己資金で建設した数棟続きの計30aのハウスで本格的に就農をスタートさせる予定である。

　B組は夫婦ともに30代で、A組同様に2人で農業次世代人材投資事業と農の雇用事業を別々に利用し、フロムシードでIT氏の指導の下で、研修を受けた。地域の農家たちの協力を得て、独立前に団地で農地を確保した。その後近代化資金とJA上伊那独自の経営拡大助成事業「＋10」を利用し、ハウスを建設し翌年から経営を開始する予定である。

小括

　ここまで、新規参入を中心にJA上伊那管内の多様な就農事例を分析してきた。

　リンゴ専業農家として早期に新規参入したSY氏は、自らの経営を順調に展開させただけでなく、地域（宮田村）の若手組織、JAの生産部会、出荷場など多くの組織の役員をこなし、さらに後輩新規参入者を受け入れるなど、担い手の枠を大きく超え、次世代農業者のリーダーとして活躍している。SY氏と対照的なのは早期退職して就農したOZ氏である。OZ氏は、中山間地域である山室地区にとって集落営農組織を通じて地域を守っていくことを認識し、就農当初から集落営農組織中心メンバーとして地域の水田農業にかかわってきた。現在は集落営農組織の会長を務めており、組織の農業経営だけでなく、都市との交流など地域活性化活動も行っている。二人は経営タイプこそ違うものの、早期就農した新規参入者から地域のリーダーへと成長し、様々な地域の課題に取り組んでいる点では共通している。また後輩新規参入者の育成に力を注ぐ点に関しても二人の共通点である。

　一方、MZ氏は自営農業の新規参入を目指していたが、野菜生産法人で研修を受けたことをきっかけに、雇用就農に転換した。若手職員が不足する中、彼は栽培管理から作業のオペレーション、実習生の指導など、法人経営の中核を担っている。MZ氏の就農によって、生産法人は赤字経営から黒字経営に転換し、新たな展開を迎えた。

　取りあげた事例の中で唯一の農家出身者であるTM氏は、米を中心とする実家の経営と別に、野菜経営の確立を目指している。そのため、農業インターン研修制度を利用し、栽培技術や経営ノウハウを習得しようとしているが、作目はJAの推進する品目や種苗会社との契約栽培など、いずれも販路が確保されたものである。

また、MY氏は新たな人材確保方法としてJA上伊那、伊那市と鯉渕学園との三者連携協定で迎えられた学卒新規参入者である。自営農業を目指すものの、技術が未熟のため、一旦は法人化した集落営農組織に就農をした。農地と住居の確保、技術習得、作目選択、そして配偶者の就業など、すべてにおいて法人とJAがサポートしている。その他、新たに建設する花卉団地に入植する予定の新規参入者（二組）は、農業次世代人材投資事業と農の雇用事業を活用し地域の篤農家による技術研修を受けているが、ハウス建設資金は一部JA上伊那の単独事業で補助される。

　以上のように、JA上伊那はこれまで多くの新規参入者を輩出してきた。SY氏、OZ氏のように早期に農業インターン研修制度を利用し就農した新規参入者は着実に地域の担い手、次世代のリーダーへと成長している。また、就農ルートの多様化にともない、地域外からの新規参入者だけでなく、農家子弟が新しい経営を確立する際、そして農産業生産法人が中核職員を育成する場合においても、JAの研修制度とその他支援策が大きな役割を果たす。さらに、農業次世代人材投資事業や農の雇用事業など国の支援制度の実施によって、就農希望者のニーズが複雑化し、きめ細やかな対応がますます求められるようになった。こうした実情を踏まえ、JA上伊那はこれまでの農業インターン研修制度を中心とした人材確保の方法に加え、専門学校との連携や、新たな団地の建設など、次々と新たな試みを行った。その結果、就農希望者が増え、新規参入を含めた効果的な新規就農支援が実現できた。

第3節　JAによる新規就農支援の到達点と今後の展望

1　JAによる新規就農支援の到達点

（1）農業インターン研修制度の確立による新規参入者の増加

　JA上伊那は、地域の農業労働力と担い手不足の問題を解決するため、全国に先駆けで農業インターン研修制度を創設した。制度開始以来20年間、計82人が当制度を利用し、うち63人が就農し、そのほとんどが現在も継続している。このことは、地域農業の担い手不足の解決に大きく寄与している。

　とりわけ、国や県の新規就農支援策がまだ十分に整備されていなかった早期段階、当制度は、研修を軸に、技術、農地、住居、資金、地域との関係、新規就農におけるすべての課題を、JAが一手に引き受け解決するという面では、持つ意味が非常に大きい。新規就農支援への取り組みは、新規参入者増加につながるだけでなく、行政や関係団体、地域全体による担い手問題に対する共有や地域ぐるみで新規就農支援の機運の高まりにも強い影響を与えた。

（2）失敗から生まれた効果的な新規就農支援

　農業インターン研修制度を開始後、新規参入者が順調に増えていた。しかし、研修や就農初期にはJAと緊密な関係を持ったにもかかわらず、数年経つと出荷量が減り事業利用も減少するなど、いわゆるJA離れの問題が起きていた。こうした状況を改善するため、JAはまず各種研修会やイベントへの参加を呼びかけるなど、新規参入者との接点を増やすことでコミュニケーションを図ろうとした。そのうえ、青壮年部や選果場など、様々な組織で積極的に新規参入者に役員を担当してもらう。その狙いは、活動を通じて新規参入者の地域とJAの事業へ

の理解を深めるものであった。さらに、青色申告を含めた経営指導について、新規参入者を重点的に注意喚起し、経営問題点の早期発見を手助けする。また、新規参入者が期待する新しい販路の開拓による有利販売の実現について、専門職員をもうけて新規参入者らの要望を聞いたうえで、情報収集に努め、そして実際に販路を見つけた時に、その事務局機能を担う。

こうした対策を講じたことによって、就農後も積極的にJAに出荷し事業を利用する新規参入者が増えた。また、彼らが積極的にJAの事業にかかわり、新しい試みが次々と生まれた。

（3）新規参入者を呼び込む好循環の形成

新規就農支援に取り組んで20年間、早期就農者の多くがすでに熟練農家に成長した。SY氏、OZ氏のように、里親農家、法人の責任者となった新規参入者の先輩は、新しい新規参入者の受け入れ先となった。同じ経験をしてきた彼らは、技術の伝授だけでなく、自分たちの教訓と苦労を新しい人たちに伝えることによって、より効率的な新規参入者の定着につながる。

（4）地域の人々の意識変化

新規参入者の増加が地域に新たな風を吹かせた。それは地域の農家とその子弟、さらにはJA職員の意識も大きく変化させた。最も顕著な変化は、新規参入者の増加によって、農家子弟がUターン就農するケースが増えた。また、販路開拓や都市住民との交流など、新たな試みを行った新規参入者の刺激を受け、地域の農家も積極的にかかわるようになった。

2　今後の課題

(1) 就農希望者の確保

　農業次世代人材投資事業をはじめとする様々な新規参入支援制度の充実によって以前と比べて、就農の環境はかなり整ってきた。さらに、新規参入支援の先進地域では、優秀な就農希望者を誘致するため、支援策を上乗せするなど、新規参入を巡る人材の争奪戦が繰り広げられている状況である。くわえて、景気回復による雇用情勢の改善も就農希望者の減少につながっていると思われる。そんななか、いかに就農希望者を確保するかが課題となっている。

　対策として、JA上伊那は、伊那市、茨城県の農業専門学校「鯉渕学園農業栄養専門学校」と新規参入者支援に関する三者間協定を締結した。その目玉は、卒業生を新規参入者として受け入れ、管内に就農することを手助けすることである。定期的に学校の就農相談会に参加し、JA上伊那管内をアピールするとともに、就農希望を持つ学生の就農相談を受ける。現在1名が独立就農し、1名は法人に就農し、さらには2名がJAの職員として就職した。

　こうした方法で解決の糸口を探っているが、現状ではまだ十分ではない。今後、関係機関との情報共有を強化するほか、農家子弟のUターン就農も視野に入れて、地域内外へより積極的な募集方法を検討する必要があると思われる。

(2) 優良農地の確保

　JA上伊那管内において、新規参入者を受けいれる地区間の格差がある。その最大の要因は農地である。農地条件がよく新規参入者が希望するような地域では、まとまった農地を確保できない状況がある。SY氏が就農した宮田村を例にすれば、園地を借りられないため、研

修後に隣の村に就農せざるをえないケースもある。一方、離農が相次いだ中川村では、園地が離農農家の庭先にあるうえ、矮化栽培導入されていないため、新規参入者の利用には不向きである。今後、こうした古い園地の改植や団地増設など、農地を整備する対策が求められている。

（3）販路開拓を含めた就農後営農指導の強化

農家所得の確保という観点から、就農後における営農指導を強化し、農業所得を向上させる対策が必要と思われている。SY氏のグループによる販路開拓の例で示したように、今後既存農家を含めて、従来の共販・共選を維持しつつも、契約栽培や産地直販など多様な販路の開拓が求められるであろう。

注
（1）2018年の数字はJA上伊那ホームページより引用。
（2）この制度は新規参入者の地域での独立を支援する熟練した農業者を「里親」として登録し、里親となった農業者は、栽培技術の習得研修地域社会への研修生の紹介、農地・住宅に関する情報提供・確保支援就農後の支援・相談等で実践的に支援するものである。
（3）現「里親制度基礎研修」の前身である。
（4）両制度は支援対象が異なるため、同時利用も認められた。
（5）ヒアリング調査によると、年間雇用人件費が70から80万円であり、時給は750円から830円で支払っていた。
（6）プロジェクト研修と里親研修1年目は2万円だった研修手当が、里親研修2年目に制度が変わり、金額がさらに2万円上乗せされた。

第4章
果樹産地における新規参入支援

第1節　果樹部門における新規参入の特徴と課題

　果樹部門は他の農業部門同様に、担い手の高齢化や減少が進行しているが、労働集約性が高いため、担い手の育成・確保がより深刻である。一方、全国農業会議所の『新規就農者の就農実態に関する調査結果（平成28（2016）年度）』によれば、販売金額第1位の経営作目が果樹の新規参入者は15.4％であり、露地野菜（37.1％）、施設野菜（28.8％）に次ぐ第3位である。果樹は小規模の農地と少ない初期投資で経営開始が可能ということから新規参入者に人気があるが、その経営の特殊性ゆえに課題も多い。

1　園地確保の難しさ

　樹園地は、ほかの地目と比べて、流動化が遅れている。そのため、離農した農家の園地は、ほかの経営に引き継がれず、即廃園になってしまう場合が少なくない。単年度で引き換えられない永年作物である果樹は、園地そのものとともに、樹体の状態が重要な要件となる。さらに、植栽様式も作業効率を大きく左右する要素である。実際に、放出される園地は、老木化しているなど、樹体状態が劣っており、植栽様式も機械化などの効率的な栽培管理作業に適していないことが多い。現状では、既存の樹体のままで流動化している園地が多いが、新規参

入者が利用する上では、改植が避けては通れないことになる。加えて、果樹は一時的な管理水準の低下も、その後の生産性に大きく影響するため、果樹園は短期的な放置もできない。こうした状況から、園地の流動化は他の地目より条件が複雑で所要期間も長く、新規参入者にとってスムーズに園地を確保することは極めて困難である。

2　長期にわたる技術習得

果樹の栽培技術を習得するには、通常2〜3年間を必要とし、露地野菜、施設園芸の倍以上となる。しかも、樹体の成長周期が長く、技術未熟時の手入れが後の収量に大きく影響するため、長期にわたる技術習得のスキーム構築が必要とされる。したがって、果樹の新規参入においては、とりわけ長期間の継続的な技術的支援が重要である。またこうした支援も園地の確保とセットで取り組まれることが望ましい。

3　効率化が図りにくい

果樹園の中には、傾斜地に立地するものが多く、基盤整備が行われておらず機械化が難しい。例え整備された場合でも機械化で対応できない作業が多く、省力化が進んでおらず、高い労働集約性のままである。家族労働が不足しがちな新規参入者にとっては労働力確保の問題がより顕著である。くわえて、果樹経営は一人当たりの経営面積が限定されているため、規模拡大も困難である。

4　長期化する不安定な経営

永年作物の果樹は、成木になるまで数年間かかる。そのため、改植し新たな果樹経営を確立しようとしても、販売収入を得るまで長期間を要する。新規参入者の場合、技術習得期間も加わるため、無収入の

期間はさらに長期化する。くわえて、品種の変更等により改植する場合、導入にも年数を要することが多い。

さらに、果樹は年に1回しか収穫できないため、短期的な収入がない。台風などの気象災害による豊凶変動があった場合、経営へのダメージが非常に大きい。したがって、果樹は他の作目と比べて、就農初期における経営の不安定な期間が長い。

以上のように、果樹部門における新規参入は、園地確保、技術習得および所得確保などの面において、他の作目と比べてより困難で長期間を要する特徴がある。果樹部門の新規参入は、こうした課題の解決につながる対策が求められる。

第2節　岡山県における新規参入支援の取り組み

1　岡山県における新規参入支援の仕組み

岡山県では担い手の減少や高齢化が進む中、1993年度から農業体験研修と農業実務研修の2段階による新規就農研修事業（以下「研修事業」）を開始した。研修の1段階目は、農家生活を体験する「農業体験研修」で、研修期間は1ヶ月間である。この段階では、農作業の適性確認や地域の方とのマッチングが行われる。2段階目の研修は、本格的な就農に向けた準備を行う「農業実務研修」で、研修期間は1年～2年間である。ここでは農業技術の習得に加え、農地、住居、機械など、本格的に就農するのに必要な準備を行う。事業は、原則55歳未満の非農家出身者を対象とし、研修期間中に年間約150万円の研修費が支給される[1]こととなっている。

この研修事業の最大の特徴は産地中心の受入体制である。岡山県では、新規参入者支援の窓口が一本化され、県内の各農業関連機関から構成された「岡山県担い手育成総合支援協議会」[2]が主にその機能を

担う。一方、研修とりわけ「農業実務研修」は就農を前提とする産地で行い、実施主体は主に市町村、JA（部会や出荷組合を含む）、農業公社等である。農地の確保や技術指導などについて、ある程度支援体制が整った産地でなければ、研修先として認められない。そのため、新規参入者を受け入れる意思のある産地には地域を挙げて、新規参入者の就農をトータル的にサポートすることが求められる。新規参入者にとっては就農を予定する産地で研修を重ねることは、技術習得や農村への移住、就農準備を円滑に進めることにつながる。

2　取り組みの実績及び新規参入者の特徴

　24年間継続的に実施した結果、2017年まで計240名が研修事業を活用し、県内各地9つの地域に就農した（図4-1）。最も新規参入者が多い地域は岡山地域で73名である。

図4-1　地域別にみた研修による新規参入者数（単位：人）

出所：JA全中2017年新規就農者支援対策全国交流研究会資料

新規参入者の作目をみると、図4-2のように、果樹が53％と最も多い。その作物はブドウとモモが主である。次いでは野菜（トマト、なす、有機野菜など）で35％となっている。花卉（スイートピー、リンドウなど）とその他（水稲など）はそれぞれ8％と4％を占める。以上のように、研修事業を経た新規参入者の作目は園芸品が中心である。

　また、彼らの出身地は岡山県内66人、県外174人である。県外出身者のうち近畿地方（90人）が最も多く、次いで関東地方（46人）、中部地方（14人）、中国地方（9人）、九州・沖縄（6）、北海道（1人）となっており、全国各地から就農していることがわかる。

　さらに、年齢別に研修事業による新規参入者をみると、図4-3のように、30代が112名（47％）で最も多い。次いでは、40代が63名、20代が39名（16％）であり、40代以下は89％を占める。なお、50代はわずか26名（11％）である。つまり、研修事業を経て就農した新規参入者はほとんど青年層である。

　表4-1のように、1993年研修事業開始以降、短期の農業体験研修修

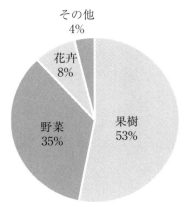

図4-2　作物別の新規参入者割合（単位：％）
出所：JA全中2017年新規就農者支援対策全国交流研究会資料

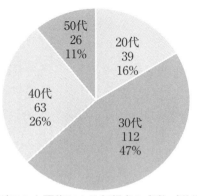

図4-3 年齢別にみた研修による新規参入者数（単位：名、％）
出所：JA全中2017年新規就農者支援対策全国交流研究会資料より
　　　筆者加筆作成

了者は合計435人である。そして、2年間の実務研修修了者は270人、そのうち240人が就農し、就農率が89％と高い。特に2012年から2016年の5年間において、実務研修後の就農率は100％である。さらに、営農継続状況をみると、合計で83％と非常に高い。そして2001年まで研修を申し込み、現在就農15年から20年の新規参入者をみても、その営農継続率は61％に達している。全国平均で就農5年以上離農率は1/3といわれている中、岡山県の新規参入は大きな実績を挙げているといえよう。

　また、新規学卒者、Uターン者、新規参入者を含めた新規就農者全体の数[3]も増加傾向をたどっている。図4-4のように、新規就農者数は1992年に最低であったが、研修事業を開始した1993年に36人、2016年には156人へと大幅に増加した。特に、新規参入者は2010年以降毎年20人以上就農し、2016年には60名にも上った。研修事業の実施によって、新規参入をはじめ、新規就農全体の気運が高まったことが

表4-1 研修修了者数とその就農・営農継続状況

単位：人：%

申込年度	農業体験研修修了者	農業実務研修修了者	新規参入者	就農率	営農継続者数	営農継続率
93年～2001年	175	93	76	82%	43	61%
02年～06年	74	64	54	84%	48	89%
07年～11年	74	63	60	95%	57	95%
12年～16年	112	50	50	100%	50	100%
合計	435	270	240	89%	198	83%

注：研修中の者は除かれる。
出所：JA全中2017年新規就農者支援対策全国交流研究会資料より筆者加筆

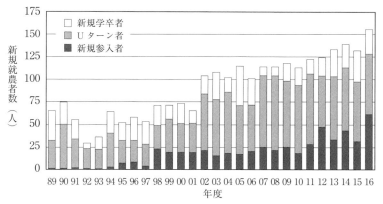

図4-4 岡山県における新規就農者数の推移

出所：JA全中2017年新規就農者支援対策全国交流研究会資料

伺える。

第3節　総社市における新規参入支援

1　総社市における新規参入の概況

(1) 地域の概況

　総社市は岡山県の南西部に位置し、東部は岡山市、南部は倉敷市の2大都市に隣接し、鉄道から30分以内でアクセスできる交通の利便性をもつ。人口は68,237人（2017年4月1日現在）、総面積は211.90km^2

である。年平均気温は16.5℃前後、雨量は年間1,000mm前後で、瀬戸内海特有の温暖、少雨の恵まれた気候である。市の中央を北から南に岡山県の三大河川の一つ高梁川が貫流している。

　総社市はかつて古代吉備の国の中心として栄えた地域であり、古墳や山城など歴史の遺跡も多い。高度経済成長期から県南工業地帯の発展にともない、内陸工業も成長してきたが、近年では住宅都市・学園都市として発展している。

　農業においては、水稲を中心に果樹や野菜も多く栽培されており、特にモモやブドウの果樹栽培は県下有数の産地である。しかし近年は農業従事者の高齢化等によって担い手の確保が困難になり、産地を維持するために、行政やJAなどの関係機関が新規参入支援に取り組むようになった。その特徴は岡山県との連携、安定した販路と就農後継続的支援を活かした新規参入者の受け入れである。

（2）総社市における新規参入支援の経緯および実績

　総社市は2005年に1市（総社市）、2村（山手村・清音村）合併して誕生したが、新規参入支援は、それ以前に旧山手村公社やJA吉備路が主体として取り組んでいた。旧山手村公社は、当時農地の賃貸借・中間管理の他に、新規参入の支援事業も行っていた。具体的には、大阪などで開催された相談会に参加し、果樹に限定した新規参入者を募集し、面接に合格した者に公社が保有していた園地を整備した研修圃場で研修させ、独立するまで就農支援を行っていた。一方、JA吉備路はセロリなどの軟弱野菜を中心に新規参入者を受け入れていた。**表4-2**のように、2003年にモモと軟弱野菜それぞれ1名の新規参入者が就農している。その受入主体は旧山手村公社とJA吉備路である。

　しかし、その後JAと行政の合併が相次ぎ、一時は新規参入者の受

表4-2　総社市の新規参入者数の推移

年度	人数	品目	経営面積
2003年	2（1）	軟弱野菜 モモ	55a 124a
2004年	−	−	−
2005年	−	−	−
2006年	2	トマト、花卉	109a
2007年	1	イチゴ	55a
2008年	1（1）	ピオーネ、モモ	
2009年	−	−	−
2010年	1	人参、ブロッコリー	85a
2011年	−	−	−
2012年	2	花卉 トマト、野菜	32a 55a
2013年	1（1）	モモ	65a
2014年	3（1）	モモ モモ モモ	90a 76a 134a
2015年	2（1）	モモ ネギ、ナス	120a 準備中

注：括弧の内は県外出身者数である。
出所：総社市資料より筆者作成

入が停滞した。2006年以降、新規参入支援の取り組みが再開され、毎年1、2名が就農している。作目は2012年までトマト、人参などの野菜と花卉が多かったが、2013年以降はモモがほとんどとなった。その背景には、青年就農給付金制度（現・農業次世代人材投資事業）の実施にともない、新規参入支援を果樹に特化するという県及び総社市の方針転換がある。なお、ネギとナスはJA岡山西の新しい重点作目である。

（3）新規参入における支援体制と支援策

総社市は県と連携し新規参入希望者を対象に、農業体験研修や実務研修を実施している（図4-5）。県や市の相談窓口を経て、新規参入希望者はまず1か月の体験研修を受け、その後受入関係機関と意思を

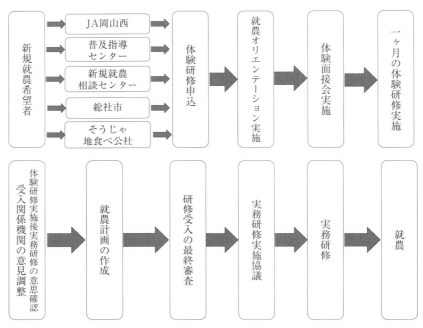

図4-5　総社市農業研修から就農までの流れ

出所：総社市資料より筆者加筆

確認した上、就農計画を作成する。また、実務研修を行う前に、以下のような条件で最終審査が行われる。研修者は①研修開始時に年齢18歳〜50歳（ただし、受入地区により就農予定時45歳未満の場合もある）、②自己資金を500万円以上もつこと、③市内就農及び市内定住が約束できること、④就農する地域と積極的に交流を図れること、⑤家族（妻など）の全面的な協力が得られていること、である。すなわち、研修者本人の適性や就農準備状況だけでなく、就農後を見据え、家族の協力、地域への溶け込みも受入の要件とされているのである。

研修体制は表4-3のように、品目の主要産地ごとに構築されている。

第4章　果樹産地における新規参入支援　123

表4-3　品目ごとの研修体制

研修品目	産地の位置	研修主体名
モモ	山手地区、小寺地区、福谷地区	（一財）そうじゃ地食べ公社 JA岡山西
セロリ	山手地区	（一財）そうじゃ地食べ公社
ブドウ	秦地区	JA岡山西
なす	福井地区	JA岡山西

資料：総社市資料より筆者加筆作成

そのため、研修者は希望作目の産地に入るのが基本となっている。例えばモモは山手、小寺、福谷の3地区にわかれており、山手地区は（一財）そうじゃ地食べ公社であり、その他2地区はJA岡山西が研修主体である。

また、実務研修は2年間である。1年目は基礎研修で、栽培管理、病害虫防除など農業技術のほか、農業経営に関する専門知識の内容も含まれている。主要作物のモモとブドウの年間スケジュールは図4-6、図4-7の通りである。

（4）関係機関の連携および支援対策

総社市では新規参入者に対して、各関係機関が役割を分担しながら、支援を行っている。（一財）そうじゃ地食べ公社とJA岡山西は栽培技術指導や就農予定地の営農情報の提供を中心にサポートする。農業普及指導センターは体験研修事業を行うとともに、研修者および新規参入者への栽培技術指導や資金相談も担っている。市役所は補助事業に関する手続きの遂行、空き家や農地の確保などを支援する。モモでは耕作放棄地、ブドウでは、離農農家の園地を活用する仕組みができている。

また、市独自の「就業奨励金支給事業」を実施している。年齢が39

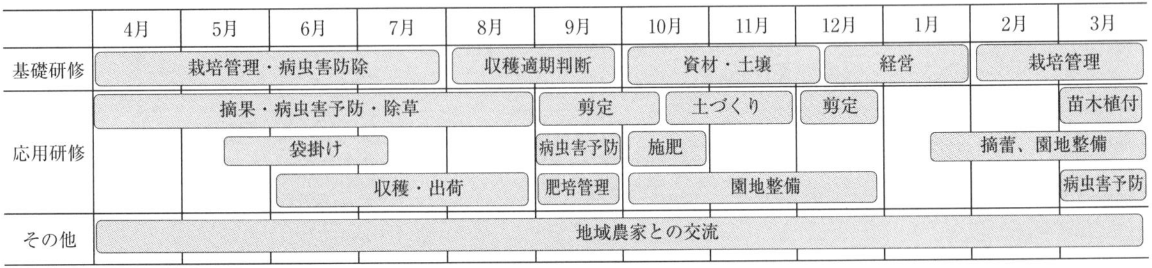

124

図4-6 モモの研修スケジュール

	4月	5月	6月	7月	8月	9月	10月	11月	12月	1月	2月	3月
基礎研修		栽培管理・病虫害防除			収穫適期判断			資材・土壌		経営	栽培管理	
応用研修		摘果・病虫害防除・除草				剪定	土づくり		剪定			苗木植付
			袋掛け			病虫害予防	施肥				摘蕾、園地整備	園地整備
				収穫・出荷		肥培管理		園地整備				病虫害予防
その他						地域農家との交流						

出所：総社市資料より筆者作成

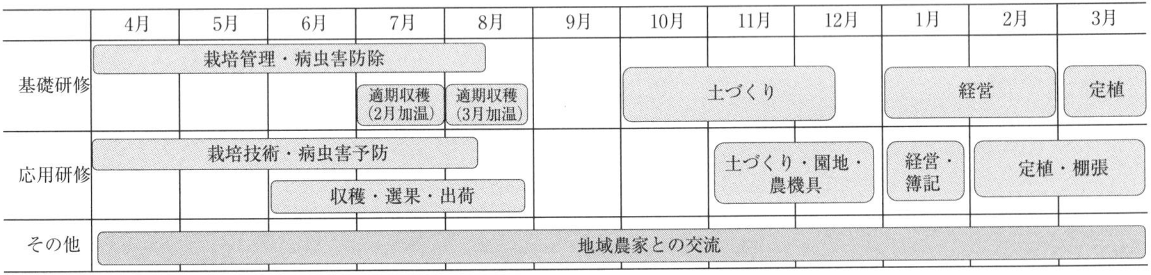

図4-7 ブドウの研修スケジュール

	4月	5月	6月	7月	8月	9月	10月	11月	12月	1月	2月	3月
基礎研修		栽培管理・病虫害防除			適期収穫（2月加温）	適期収穫（3月加温）			土づくり		経営	定植
応用研修		栽培技術・病虫害防除							土づくり・園地農機具	経営・簿記	定植・棚張	
				収穫・選果・出荷								
その他					地域農家との交流							

出所：総社市資料より筆者作成

歳以下の新規参入者に対して、奨励金（5万円）を支給する。その他に、農業士、就農アドバイザー、後継者クラブ員による支援も行われている。さらに、子育て世帯を対象に、小児医療費助成事業が実施されている。

　以上のように、総社市では新規参入者に研修から就農後まで、営農から生活まで、継続的、総合的な支援が行われている。

2　出荷組合が受け皿となる新規参入の取組実態
（1）秦果樹生産出荷組合の取組
（ア）新規参入者を受け入れる経緯

　秦地区は1950年代にネオマスカットの栽培が導入され、団地化によって急速に規模拡大し、ブドウ産地として全国で名を馳せていた。1970年代半ばにピークを迎えたが、その後ネオマスカットの衰退や担い手問題などが原因で産地規模が縮小しはじめた。1980年代前半から、ピオーネ、マスカット・オブ・アレキサンドリア等への品種転換が図られ、その結果現在はピオーネを主体とした産地となっている。また、当地域はハウスによる加温栽培が特徴である。

　秦果樹生産出荷組合は1956年に設立した。当時生産者数が12名、栽培面積はわずか0.9haであり、そのすべてがネオマスカットであった（**表4-4**）。その後、各園地までの送油タンクと配管が整備され、全国有数の近代的団地が建設された。それにともない、栽培面積が急速に拡大し、1977年には栽培面積51ha、販売実績5.1億円の日本一の産地となった。生産者数も159名まで増えた。ただし、当地域は就業機会が多いため、世帯主が他産業に従事し、奥さんがブドウ栽培に取り組むケースが少なくない。そのため、生産者の約1/3は小規模兼業農家であった。

表 4-4　秦果樹生産出荷組合の変遷

	生産者数（名）	栽培面積（ha）	品種構成	JA販売実績（億円）
1956年	12	0.9	ネオマスカット　100%	—
1977年	159	51	ネオマスカット　100%	5.1
1988年	111	38	ネオマスカット　84% ピオーネ　11% アレキ[1]　5%	3.9
2011年	43	12.5	ピオーネ　66% アレキ　10% シャインマスカット[2]　16% 瀬戸ジャイアンツ　5% 紫苑　2%	1.4
2016年	39	12.5	同上	1.7

注：1）アレキ＝マスカット・オブ・アレキサンドリア。
　　2）シャインマスカット、瀬戸ジャイアンツと紫苑が、合わせて次世代フルーツと呼ばれている。
出所：秦果樹生産出荷組合資料より筆者作成

　80年代に入り、生産者の高齢化や後継者不足の問題が徐々に深刻化し、規模縮小や離農するケースが相次いだ。1988年には生産者が111名まで減少し、栽培面積は38haまで縮小し、販売実績も3.9億円にまで落ち込んだ。さらに、90年代に入り、送油設備の配管が老朽化し更新が余儀なくされた。しかし、その費用は個人負担が大きく、更新を諦めた生産者が続出した。これにより離農者の増加に拍車がかかり、ついに2011年に生産者は43名にまで激減した。そのなか、最年少が40歳、最年長が85歳、平均年齢は72歳である。生産者の大幅な減少と高齢化の急速な進展により、出荷組合の栽培面積（12.5ha）も販売実績（1.4億円）も激減し、産地規模は最盛期の1/4までに縮小した。

　このままでは産地の維持が極めて困難になるという危機感から、2008年に出荷組合は県に手を挙げ、新規参入者の受入を始めた。次は最初の新規参入者であるSY氏の事例を取り上げる。当初は出荷組合

として新規参入者を受け入れたものの、実際に日常的なサポートは主に組合長のKN氏が行っていた。

(イ) SY氏の就農経緯と経営実態

1) 研修時

　SY氏は神戸生まれ、総社育ちの非農家出身で、調査時に独立就農5年目の52歳である。大阪にあるコンピューター関係の専門学校を卒業した後、システムエンジニアとして7年間全国各地を飛び回っていたが、転勤生活に限界を感じ、2007年に岡山県で就農を決意した。就農オリエンテーションや体験研修に参加し県内のブドウ産地を回った際に、秦果樹生産出荷組合組合長のKN氏から説得を受け、実家のある総社市を就農地として選択した。

　2008年に、岡山県のニューファーマー確保対策事業[4]を利用し、2年間の研修をスタートさせた。研修はあらかじめプログラムが用意されることではなく、基本的に普及センターの指導員に技術を教わりながら、自ら作るという実践研修であった。農地は組合長のKN氏の紹介で最初5a貸してもらった。まだ収穫できる既存園であったが、作業効率を上げるため、棚を自分の身長に合わせ改築し、木も伐採して改植した[5]。就農後にも転居せず、実家から車で15分かけて通作している。就農にあたり、数百万円がかかったが、そのほとんどは退職金や貯金でまかなった。

　研修2年目にKN氏に提案され、SY氏は出荷を試みた。自前の作業場がないため、KN氏の倉庫で調整作業をした。結果はわずか数箱しか出荷できず、経費を差し引いてほとんど手取りが残らなかったが、出荷までの一連の作業を経験できたことは就農後に大変役立ったと本人は評価した。

2）現在の経営実態

　2010年にSY氏は独立し正式に就農した。就農時には農地を5枚で計42aを借りていた。その後、そのうちの1枚は、息子さんがUターンするという理由で地主から返却を求められた。そして、新たに20aを借り入れ、現在経営耕地を55aまでに拡大した。しかし、5枚の農地は5カ所に分散し点在している。農地は農業委員会を通じて10年間の賃借契約を交わしたが、地代は地主の意に沿って、2万円/10aと相場を大幅に上回る金額[6]で支払っている。

　主な品種はピオーネ、シャインマスカット、紫苑などである。現在収穫できるのは作付面積の約半分である。また、独身のため、農作業は通常1人で行い、農繁期には選果場の臨時職員に依頼することもある。

　出荷は100％出荷組合を通じての系統出荷である。なお、前年度の年間売上が約400万円であり、資材などを除けば手取りは120万円前後になる。生活費の不足分は貯金を切り崩し補填している。

　住居と園地が離れているが、SY氏は地域の活動にはできるだけ参加するように心がけている。お祭りや水路掃除などの行事はもちろんのこと、畑管が故障したような不測事態に遭遇した時にも自ら進んで協力し地域との関係を重視している。

3）経営上の課題と今後の展望

　経営上の課題は、まず労働力の問題である。今後2、3年で成園面積が増加し、園地管理や収穫作業が大幅に増えると予想される。しかし、自家労働力の増加は見込めない。さらに、繁忙期になれば、選果場の稼働も増え、思う通りに臨時職員に依頼できない可能性が高い。二つ目は、水利権の問題である。畑地に付随している水利権は地主所有となっているが、最近離農や経費負担などを理由に地主が畑管改修

工事を渋る事態が起きている。SY氏はその対応に不安を抱えている。
三つ目は、園地の継続的利用である。通常ブドウの木は新植から約15年間収穫できるが、現状では農地の賃貸契約はわずか10年間である。そのため、地主に返却を求められた場合、その対策が必要である。

　課題があるとはいえ、SY氏は将来に大きな経営目標を抱いている。数年以内に経営規模を70a、年間売上高を1,000万円に達成させようとしている。

（ウ）組合による新規参入支援の効果と今後に向けて
1）新規参入支援の効果

　2008年に新規参入者の受入を開始してから約8年間経過した。この間、研修を受け就農したのはSY氏一人だけ、しかも彼の経営もまだ発展途上である。しかし、組合が新規参入者を受け入れた間接的効果は徐々に出始めた。

　一つは、離農者の減少に歯止めがかかったことである。それまで毎年5人前後の生産者が離農していたが、2011年以降は3人にとどまり、2016年現在、生産者は39名となっている。生産者数こそ微減したものの、栽培面積は横ばい、販売実績にいたっては1.7億円と5年前より2割増となった。組合全体の生産意欲が向上したことが伺える。

　二つ目は、SY氏の努力もあり、組合では以前より新規参入者を受け入れる機運が高まったことである。かつては新規参入者に対して開かれたら答えるという受け身の態度であったが、最近は組合の中で、中心メンバーによる新規参入者を支援する担い手班ができた。また、規模縮小や廃園する前に積極的に貸付を打診する生産者も増えた。

2）今後に向けての支援強化と課題

　今後、高齢化が一層進み、既存の生産者がさらに減少すると予想される。産地規模を維持するには、出荷組合全体が作付面積15～16ha、売上２億円までの水準に達する必要がある。それを実現するために、今後10年間で新規参入者を３人前後受け入れると、出荷組合は目標を掲げている。その具体策は担い手班を通じて、新規参入者を受け入れる環境を整備すると同時に、積極的に行政にアプローチし、就農相談事業に参加するなどのものである。担い手班のメンバーは現組合長、SY氏、女性の篤農家、KN氏の息子さんと20年前に孫ターンして就農したKN氏の外孫、計５人となる。今後主体的に新規参入者をサポートする役割を担う。

　一方、こうした認識は組合員全員で共有されているとは言えない。一部離農を予定する専業農家は、産地を持続させていく意思が稀薄で、新規参入者に貸すことにも依然抵抗が強い[7]。今後こうした出荷組合内部における合意形成に向けての働きかけがさらに求められる。

　また、規模縮小や離農する生産者が増えるなか、農地はなんとか用意できる一方、新規参入者に適当な住宅を確保することが依然として難しい。その背景には、総社市は岡山市と倉敷市の通勤圏内にあり、空き家が少ない上、最近県外からの移住者が増え、ニーズが高まっていることがある。今後、受け入れる体制を整えるために、出荷組合が空き家を確保するなどを含めた対策が必要とされている。

　また、現行する「農業次世代人材投資事業」では、研修期間中に農地と販売収入の取得が禁じられている。しかし、経営開始には準備、助走期間が必要であり、特に果樹の場合、その期間は他の作目と比べて長い。今後、円滑な就農準備を進めるため、出荷組合による農地の一時取得や研修期間中に技術向上につながる労働に関する報酬の処分

方法などについて、制度といかに接続するかを検討する必要がある。

　さらに、総社市のブドウは加温栽培のため、新規参入する場合、ハウスの建設が必須条件である。そのため、露地栽培がほとんどであるモモと比べて初期投資[8]が大きい。近年就農希望者がやや減少気味のなか、他の作目と競合しながら、確実な人材確保が求められる。

　一方、最近妻が生産者だった兼業農家では、定年退職を機に夫がブドウ栽培に加わるケースが増え、中には規模拡大している生産者も見られるようになってきている。出荷組合はJAと連携し、新規参入支援に加え、こうした定年帰農者を対象に技術指導などを行い、産地の縮小を食い止めようとする新たな動きも出ている。

（2）総社もも出荷組合
（ア）生産・販売体制の再構築と新規参入者の受け入れ

　総社もも出荷組合は1968年に設立し、最盛期には組合員15名であったが、現在組合員8名（平均年齢45歳）、作付面積約10ha、年間出荷量は約100ｔである。栽培品種は清水、白鳳、瀬戸内など計36品種であり、出荷期間は6月から12月まで続く。出荷先は、市場が全体の6割弱を占めており、中間業者、直売、輸出及びその他を合わせて4割前後となる。市場は岡山市場のほか、大阪や関西方面の市場にも出荷している。さらに、関東のスーパーオオゼキ、フードストアあおきなどの中堅スーパーや、千疋屋やタカノフルーツバーなど、近年開拓した新しい販路もある。物流と決済（商系を含む）はすべて農協を通して行われている。

　こうした生産・販売体制の確立は出荷組合の二つの大きな取組によるものである。

　一つは出荷システムの見直しである。

2000年代初め頃に、生産者の高齢化と後継者不在の問題が徐々に露呈し、組合全体の生産量が減少するのではないかと危惧されていた。さらに、主な出荷先である岡山市場は贈答用に特化した市場であり、高品質のモモが求められる。少人数の生産者でも対応できるよう3代目組合長が、組合の出荷システムを徹底した「完全共選」に変更した。つまり、園地で収穫したモモをいったん農家の作業場に持ち込み、そこで粗選果を行ったうえに、選果場に運ぶという通常の共選方法をやめ、園地から選果場へ直行するいわゆる「完全共選」を確立したのである。「完全共選」のメリットは選別段階が減り、傷が防げるだけでなく、統一評価によって品質評価の公平性が保たれることである。何より生産者は粗選果をやめることによって作業負担が軽減され、栽培管理に専念し規模拡大ができるようになった。

　一方「完全共選」の実施によって、選果ルールが厳格になり、基準に満たない生産者は徐々に脱落した。生産者の高齢化と脱落者の穴を埋めるため、新しい生産者を育成することが必要となり、その対策として出荷組合は新規参入者の受け入れを開始した。

　もう一つは、新しい販路の開拓である。

　4代目の組合長を務めるAY氏は農家出身で高校卒業後に農水省の農業者大学校を経て就農し、現在10年目となる。父親も同組合の生産者であるが、親とは別の経営を確立している。

　以前出荷組合は12、13種類のモモを栽培して、全量市場出荷していた。その大半は岡山市場が占めていた。しかし、贈答用に特化した岡山市場は量販店への対応は不十分である。そのため、販売シーズンが短いうえ、価格変動が激しい。生産者にとって作業が一極集中し苦労するにもかかわらず、所得は不安定であった。さらに、市場流通の都合上、品質よりロスが出ないことが重視され、その結果、痛みにく

い品種ばかり求められるようになった。一方、贈答用のマーケットは将来縮小すると予測されていた。そのなか、組合長に就任したAY氏は贈答用市場に特化した出荷体制を見直し、新しい販路の開拓に舵を切った。その結果、市場出荷はギフト向け、量販店向け、そして高級百貨店や果実専門店向けなど、それぞれ市場特性に合わせ東京大田市場、大阪市場、岡山市場へ出荷する体制が構築できた。また、地元の国民宿舎サンロード吉備路内の「サン直広場ええとこ総社」や直売所で地域の消費者に多品種のモモを提供している。さらに下位品質のものは加工向けに出荷し、市場へ出回らないような体制も築いている。加えて、最近香港、シンガポールなど、海外への輸出にも取り組んでいる。

　新規参入者の受け入れは、こうした出荷・販売体制を支える必要性と、将来への担い手を育成する責任感から、組合は2011年から取り組みはじめた。現在は主に組合長が特別講師を務める農業大学校の卒業生や行政の窓口を通じて紹介された就農希望者を、2年間の研修生として受け入れ、モモ栽培管理を中心に技術指導と就農支援を行っている。

　（イ）新規参入者の事例

　総社もも出荷組合には、現在新規参入者（OK氏）1名、研修中の就農予定者が1名いる。

　就農2年目のOK氏（調査時24歳）は福島県のモモ農家の出身で、実家と違うモモの栽培方法を求め、岡山県農業大学校に入学した。卒業後に実家に戻る予定であったが、東日本大震災後岡山で就農すると計画変更した。講師として農業大学校に来ていた出荷組合の取引先の社長の紹介で、組合長のAY氏に出会い、卒業と同時に出荷組合で研

修をスタートした。

　研修の受入主体は出荷組合となっていたが、日頃の指導は主にAY氏の元で行われていた。また、より多くの経営と栽培方法を経験するため、AY氏の提案により定期的に他の組合員の圃場を回り、作業手伝いをしていた。

　2年間の研修を経て、2014年にOK氏は正式に就農した。農地は研修時に農業委員でもあるAY氏が見つけてくれた耕作放棄された水田で、約80aである。ただし、市街化調整区域内のため、国の「耕作放棄地再生事業」は利用できず、結局組合員総出で自ら農地を整備した。また、研修中に青年就農給付金制度（現・農業次世代人材投資事業）の準備型を利用していたため、農地の賃貸契約は結ぶことはできない。やむを得ずAY氏の名義で借り入れ、モモを新植した。住居は適当な空き家が見つからず、市街地近くの賃貸アパートを借りて、毎日家から車で25分かけて圃場に通っている。完全共選のため、粗選果をする作業場は必要ないものの、農機具を保管する納車スペースを確保しなければならない。現状では組合の倉庫を借用している。

　就農にあたり、乗用草刈り機は、先輩組合員から中古機械を譲ってもらった。果樹経営に欠かせないスピードスプレー（SS）は出荷組合のものを共同利用している。その他、イノシシ駆除用の電気柵を購入する程度、就農時の投資は合計50万円ぐらいであった。中古品や共同利用で対応した結果、機械投資はかなり抑えることができた。

　労働力は1人だけであるが、まだ本格的な出荷が始まっていないため、現段階で対応できている。時間の余裕があれば、他の組合員の園地へ作業手伝いをしながら、技術レベルの向上を図っている。ただし、青年就農給付金制度利用中のため、研修期間中（準備型）は無報酬で、就農後（経営開始型）は、年間250万円以内に収まるよう調整して対

応している。

　住居と納車スペースの確保が課題として残されているが、OK氏は農地や販路、今後の営農に対して特に不安はないという。これからの栽培技術を向上させながら、経営耕地面積を1.5haまで拡大していく予定である。

　　（ウ）新規参入支援の特徴
　総社もも出荷組合は、組合員数が比較的少ないものの、平均年齢が45歳と全国的に見ても非常に若く、しかも全員専業農家であり、地域ではモモ栽培の「精鋭部隊」と呼ばれている。それゆえに、産地の実情、果実市場の変化と将来の消費動向を見据えた生産・販売体制への転換を図ることができた。こうした生産販売体制の下で行われている新規参入支援は以下の特徴がある。

１）出荷組合挙げての支援
　受入主体としての出荷組合は農地の調達から農業機械の提供、技術の習得、販路の開拓等新規参入者の経営にかかわるすべての課題を支援している。例えば、果樹の新規参入に最も困難だといわれる農地の問題は、組合の役員らがプールし就農時に新規参入者に貸すという方法で解決する。借りた農地が耕作放棄地の場合は、組合員を総動員し機械を持ち寄って伐採し園地として整備する。また、機械の共同利用や新規参入者への譲渡（有償を含む）等の措置も、経営基盤の構築に非常に役立っている。技術指導の面では、完全な一対一ではなく、組合長が中心としつつも、組合員全員の長所、短所が見られるよう研修内容を工夫している。

2）少ない労働力でも対応しやすい生産体系

　総社もも出荷組合は、従来の肥料多投、樹勢重視の栽培方法と違って、樹の本来持つ力を引き出すという考えを元に、肥料の投入量や剪定回数は通常より少ないが、摘蕾作業が増える。その結果、全体の作業量は従来の栽培方法とさほど変わらないが、作業時期が分散するため、身体への負担が軽減される。また、極早生から極晩生までバランスよく多品種を生産し、長期間にわたって出荷することができる。それによって、年間を通しての作業が分散する。また、完全共選は新規参入者の作業負担を軽減し、そのため技術習得に専念することが可能になる。以上のような生産・出荷体制は、労働力が不十分な新規参入者でも対応しやすい。

3）高品質均一化と有利販売の実現

　総社もも出荷組合は、優良系統の選抜を実施するため組合の苗木圃場を設置し育成管理を行っており、新規参入者はその圃場の苗木を利用する。そのことは、新規参入者が就農初期に未熟な技術による失敗を防ぐことができるだけでなく、組合全体の品質維持にもつながる。また、毎日、専従の従業員による品質査定会を行い、熟度や硬度のほか実際に切って食べることで食味を確認したうえ、出荷していく。こうした徹底した検査によって、出荷物の高品位均一化が実現され、市場での評価・信頼度は極めて高い。また、前述したように、市場の特性に合わせ、多様な販路を開拓し、効果的な有利販売が実現できている。

　以上のように、総社もも出荷組合は様々な支援によって、果樹における新規参入の課題を克服し、就農から所得が得られるまでの期間を

短縮させ、新規参入者の早期の経営安定を図っている。取り組みはまだ開始したばかりで、実績はまだ少ないものの、調査を通してこうした特徴的な取り組みに対し、多くの若い就農希望者が魅力を感じているという印象を受けた。今後さらなる飛躍を期待したい。

第4節　JA鳥取中央における梨産地復活

1　受入経緯および支援体制

（1）JA鳥取中央の概要

　JA鳥取中央は、1998年に9農協が合併して発足し、さらに2007年には旧東伯町農業協同組合と合併して現在に至っている。鳥取県中央部の倉吉市及び東伯郡の4町を事業区域としている。組合員数は22,488人（うち正組合員13,593人）となっている。販売品の販売額は156億円であり、うち園芸部門が66億円、果樹が33億円、米穀が25億円、畜産が18億円となっている。

　JA鳥取中央は、合併前の旧東伯町農業協同組合時代から梨の新規参入促進事業に取組み、JAが主体となってモデル梨園を整備し、新規参入希望者に貸し付けることが特徴である。

（2）受入経緯と支援体制

　旧東伯町農協は1970年代にJAが畜産団地を造設してそれを新規参入者に貸与する取組を行っていたため、モデル梨園は畜産での取組を梨に応用したものと言える。モデル梨園事業が導入された背景には、当地域の主力農産物である二十世紀梨の生産農家、栽培面積が生産者の高齢化に伴い大幅に減少し、廃園が増えたことにある。梨産地の活気を取り戻すため、JAが中心となってモデル園の整備を行った。その主な取組み内容（図4-8）は、2000年から梨園を整備（暗渠排水、

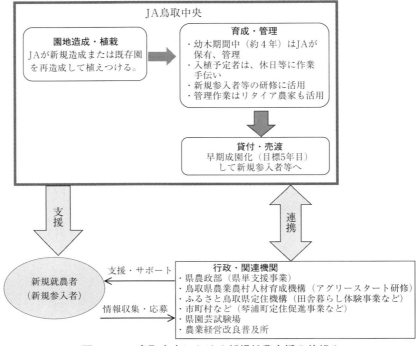

図4-8　JA鳥取中央における新規就農支援の仕組み

出所：聞き取り調査より筆者作成

苗木植栽、梨棚設置、格納庫および天網整備など）するとともに、幼木期間中はJAが管理を行い成園化した後、新規参入者などに貸し付け、もしくは売り渡すものである。現在 2 カ所計6.2haの園地が建設されたが、うち4.2haが新規参入者によって利用されている。

　受け入れの入口対策として、「田舎暮らし体験事業」（鳥取県）、「ふるさと協力隊事業」（NPO地球緑化センター）など、様々な事業を積極的に活用するとともに、JAはモデル梨園の整備当初から、新規参入者の募集と独自の研修をスタートさせた。就農希望者が面接を通過

後、まず2年間の研修を受ける。その間、JAから研修者に10万円/月、家族（奥さんと子供を含む）に1人あたり5万円/月が支給される。研修終了後にすぐ独立できない場合、さらに一定期間JAの臨時職員として雇用される。こうして本格的に就農するまで、JAは継続的に経済的支援を行っている。また、モデル梨園の整備・中間管理及び指導のため、JAは専門職員（OB）を2名確保した。他に数名の兼任する営農指導員とともに、研修者および新規参入者に対し、技術指導を行う。

地域に空き家が少ないという実情から、撤廃にともない町に無償譲渡された農水省水利事務所の元職員寮を改修し、新規就農者に格安（2万〜2.5万円/月）で提供するなど、住居問題の解決にもJAが積極的に対策を講じた。

モデル梨園が整備後、計18名が研修を修了し、うち7名が現在も農業を継続し、4名は町内で他産業に従事している。

一方、こうしたモデル梨園の整備、中間管理およびそれにともなう人件費などの経費は徐々にかさみ、JAの負担が大きくなった。そのうえ、広域合併により営農指導員が減少し、新規参入への支援が段々困難となってきた。また、研修生自身の農業への適性などが原因で就農を断念したケースが現れ、一時は新規参入支援事業が停滞気味に陥っていた。

そんな中、2012年に鳥取県アグリスタート制度の研修先として、就農希望者を受け入れ、新たな試みを開始した。

JAは鳥取県農業農村人材育成機構（以下「機構」とする）と連携し、新規参入者支援事業のアグリスタート研修の受入機関となった。当事業は機構主導の下で行われているが、JAと市町村、普及所などの関連機関も参加し、定期的に協議しながら就農希望者の課題を役割分担

で解決するような仕組みとなっている。また、行政（琴浦町役場）と連携して、町の定住促進事業と就農支援を結びつけ、新規参入者の住居を含む様々な問題の解決に取り組んでいる。

（3）鳥取県における新規参入とアグリスタート研修制度

　鳥取県が取り組む新規参入支援事業として創設したアグリスタート研修事業は鳥取県内で独立就農を希望する者を対象に、先進農家のもとで技術や経営ノウハウを習得させる制度で2009年より実施している。研修期間中、就農希望者は機構の職員として給料を得ながら、現場で就農に必要な研修を受ける。また、機構は受入農家、JA、農業委員会などと連携し就農準備をサポートすることもこの制度の特徴である。

　制度実施以来、計6期、86名が研修制度を利用したが、そのうち県内で独立就農したのは57名、全体の66.3％を占める。一方、果樹部門においては、研修制度の利用者が11名で、うち修了したのは7名、実際に就農したのはわずか3名である。しかも、4期まで就農にいたった人はゼロであった。他の分野と比べて、果樹における新規就農（新規参入）の難しさがここでも伺える。

　初期の失敗例を踏まえ、研修者の選択（基礎知識と経験の有無、就農動機）や技術習得のスキーム構築、就農時の園地確保、地域における就農支援の体制づくりなどについて改善策を講じた。その結果、最近定着率が上がってきている。

　なお、現在1名がJA鳥取中央で梨栽培の研修を受けており、着実に就農準備を進めている。

2 新規参入者の事例

(1) HK氏（48歳）——移住14年、独立就農8年目

　HK氏は神戸の非農家出身で、就農前は病院で事務職をしていた。奥さんは広島県の肉牛飼育農家の出身であり、夫婦ともに農業に興味を持っていた。前職は仕事が忙しく家族と一緒にいる時間が少なかったため、転職を考えていた。就農する前に、農業に関する基礎知識を身につけるために、就農準備校に通い、そして1泊2日の短期農業体験にも年数回参加した。また雑誌や農業フェアなどを通じて、情報を集め就農準備を進めた。

　2001年に「とっとり田舎暮らし体験事業」に参加したことをきっかけに、JA鳥取中央管内に就農するのを決めた。夫婦の出身地（広島と神戸）に程近い以外、就農地を選択した理由は主に二つあった。一つは、新規就農者向けの団地が建設され、営農環境が整っているため、就農の初期投資が少なくてすむこと、二つは、技術指導や研修期間中の生活費（家族を含め、月22万円）補助など、充実した支援制度があることである。

　1年間の研修を終了後にも、技術の未熟や成木が少ないため、出荷量が少なく農業収入だけで生活するのは困難であった。その後、4年間JAの臨時職員として、指導を受けながらモデル梨園の管理に携わっていた。現在でもモデル梨園の専属指導員や生産部会の篤農家に相談したり指導を受けたりしている。

　研修から6年目の2006年に、本格的な出荷が始まり完全に独立できた。経営規模は就農時に80aであったが、その後徐々に拡大し、昨年は所有者が病気のため管理できなくなった55aを借り、現在は140aまで増えた。労働力は普段夫婦2人であるが、間引き、袋掛け、誘引などの繁忙期に、臨時雇用（2人）をいれる。その日数は年間のべ80日

になる。作業と出荷時期を分散するため、品種は二十世紀（50a）、秋栄（15a）をはじめ、10品種以上を増やした。ほぼ全部JAに出荷している。前年の売り上げが600万円であったが、当年は950万円と見込まれていた。

　住居はモデル梨園から車で10分と離れた場所にある旧農水省水利事務所の職員寮であった。農家向けの住宅ではないが、家賃が格安で、学校に近く子供が通いやすいため、独立後も住み続けている。農業機械はモデル梨園から借りることができるため、草刈り機、バインダ、軽トラなど、常用のもののみ保有している。大きな機械投資はほとんどしなかった。

　今後は若木と成木のバランスを調整し、梨の面積を縮小させ、他の畑を若干増やして、所得が700〜800万円に達することを目指している。

　HK氏の経営課題は技術と農業所得の向上である。独立して8年間経過しているが、技術に関する不安は依然大きい。また、3人の子供の教育に一定の現金収入が必要であるが、農業収入が少ないため、HK氏が新聞配達、奥さんは選果場やガソリンスタンドでアルバイトをし、農外から収入を確保している。

（2）SN氏（24歳）——アグリスタート研修2年目

　SN氏は岡山の兼業農家出身で、以前から稲作と野菜栽培の経験があり、また、酪農家の親戚がいるため、子供の時から農業に親しみを持っていた。将来いずれ農業をやりたいと考え、農業高校へ進学し果樹を専攻していた。卒業後、茨城県にある果樹試験場で2年間の研修と、1年間の臨時雇用を経験した。その後、岡山へ戻り、独立就農を準備するため、農業法人で働いていたが、梨の赤星病が地域で広がり、岡山での梨栽培をあきらめた。偶然に果樹試験場の先生に機構のこと

を紹介され、研修に応募した。

　研修1年目は、JAのモデル梨園で専門職員から技術指導を受けながら、梨園の管理に携わっていた。しかし、独立するにはまだ準備が不十分という判断で、1年間の研修が終了した際に、もう1年間の延長を申請した。2年目から就農予定地として、梨園約90aの管理を任された。その梨園は10年以下の若木がほとんど、成木の割合が低く、本格的出荷まで最短5年間がかかると思われている。当分はまだ独立の目処が立たないため、研修終了後にJAの臨時職員となり、梨園の管理をしながら部会農家の作業手伝いをすることで生活費（10万円/月）を確保することになった。

　技術面において、果樹試験場では主に豊水、幸水などの品種であったが、鳥取県の主品種の二十世紀と異なる点が多い。そのため、日頃営農指導員に相談したり、生産部会の研修会や普及所が主催する講習会などに参加したりすることで、技術向上を図っている。

　農業機械はモデル園の機械をリースして使用している。機械保有もしたいが、今後の生活費への不安があるため、機械投資を極力抑える考えである。また、住居はモデル団地から車で15分離れたところにある町営住宅である。集落に住んでいないが、JAの生産部会、青年部、梨の同士会などを通じて地域の人と交流している。イベントや行事の際、JAの営農指導員から声を掛けられることもしばしばである。

　SN氏は鳥取県とJA鳥取中央の研修制度のおかげで、念願の梨栽培が実現できたことに満足している。一方、JAの専門職員が身近でサポートしてくれているとはいえ、技術の向上が一番の課題である。また梨の特徴ではあるが、本格的出荷まで要する期間が長く、生活不安を常に抱えている。5年後に農業所得を300万円確保することを目指している。

第5節　まとめ

1　JAが果樹の新規参入支援に取り組む意義

　JAにとって、果樹部門での新規参入を支援することは、組織基盤の強化はもちろんのこと、産地の維持、そして選果場の維持にもつながる。特に果樹部門は他の作目と比べて規模拡大が困難であり、生産者の数を確保しなくてはならない。専業農家であっても小規模の生産者が多いこと、後継者の確保が困難である。したがって、JAが新規参入支援することで担い手を確保する意義がとりわけ大きい部門と言える。取り上げた複数の事例から新規参入者は離農や規模縮小する農家から園地を借り受けたり、経営規模を拡大したりすることや、組織の役員をこなすなど、確実に地域（産地）の担い手に育っていた。

　事例にみるJAの特徴を活かした取組を以下にまとめる。

（1）JA組織の活用

　総社市の両事例はいずれもJAの出荷組合が新規参入者の受皿となる事例である。他にもJAの生産部会や青壮年部を活用する例が多い。

　新規参入において技術や営農のノウハウはもちろんのこと、地域へ溶け込むことも重要視されている。新規参入希望者の研修を組織で受入れることや、組合長もしくは生産部会長経験者などが研修生の面倒を見ることは極めて有効である。大規模の法人経営などが研修生を受入れることよりも、地域の農業者との連携や地域社会への溶け込みが容易になるだろうし、他方、個別農家での受入れの敷居は高くても、部会としてJAの支援のもとに受入れることはできるだろう。このことがひいては独立後の農地の確保や農業機械の確保も容易にする。

　果樹部門の場合は、特に技術の習得に時間がかかるが、JA組織に

身を置くことで、部会の講習会への参加や、個別指導を受けることを何年にもわたって続けることができる。

（2）樹園地の確保と中間管理

前述したように、果樹園の流動化はあまり進んでおらず、離農する農家はほとんど廃園してしまう。そこで、廃園する前にJAや出荷組合（部会を含む）が管理し、新規参入者へ移譲するシステムは、年数がたたないと収益が確保できないという果樹部門の課題の克服に役立つ。総社もも出荷組合では新規参入者の就農を見込み、組合長、副組合長が個人の名義で農地をプールし、中間管理を行っていた。JA鳥取中央では造成した園地をJAが管理していた。問題はこのようにプール化した農地を管理する人員が必要であることであり、営農指導員や組織の役員などへの過度な負担とならない仕組みが必要である。それと同時に後継者のいない農家の優良な樹園地を将来どのように引き継ぐかという仕組み作りも求められている。

（3）販路の提供

果樹は野菜、米に比べて直接販売が難しい。JAの選果場を活用しての出荷や直売所での販売は、新規参入者が生産に専念して技術を向上させる上で有効であるし、JAにとっても事業利用の拡大につながるというメリットを持つ。事例に取り上げられた新規参入者らはいずれも全量JAに出荷している。

2　果樹部門の新規参入者育成に向けて

今後、果樹部門の新規参入者の育成に向けて以下の諸点に留意されたい。

（1）産地中心の支援体制と役割分担

新規参入者への支援において行政や関係機関との連携は、果樹部門では特に重要である。

本章に取りあげた岡山県の事例を見れば、就農支援の窓口を一本化したうえ、県や市町村と産地の受入主体が緊密に連携する支援体制が構築されている。とりわけ、「体験研修から定着まで」産地が中心的役割を果たすことは効率的な新規参入支援の実現につながっている。

近年、農業次世代人材投資事業の導入によって、新規参入の経済的ハードルは大きく引き下げられた。安易な新規参入を招き、失敗例ばかりが増えることを防ぐには、就農前研修などで判断できるようなメニュー作りや、受入地域との連携など、切れ目のない支援体制の構築が求められている。

（2）園地と作業施設の確保

果樹は定植後収穫まで通常5年前後かかる。一方、新規参入者が就農時に生産性の高い園地を借り入れることは極めて困難である。したがって、老朽化し、生産性の低い園地を計画的に新しい苗木に植え替えて、新規参入者用に賃貸する仕組みが求められている。JA鳥取中央の取り組みは先駆的である。しかし、中間管理が長期化し、受け入れ主体にとって人員的、経済的負担が増大することに留意しなければならない。そのためには、新規参入者の研修体制と樹園地整備をセットで取り組むことが必要だと思われる。

また、園地とあわせて、作業施設の確保も重要である。果樹経営には農機具の保管や箱詰め作業用の施設が必要であるが、調査では多くの新規参入者がそれを確保できていない。今後住居の確保とともに、

JAや市町村、離農農家が保有していた遊休資産の活用を含めて検討する必要があると考える。

(3) 労働力の確保

　労働集約性の高い果樹農業では、労働力の確保が重要である。特に、新規参入者の場合、家族労働力が充足ではないことが多く、労働ピークの収穫作業時期になると、雇用労働力に依存するほかない。これまで多くの果樹産地は高齢者も雇用労働力として農業内につなぎ止めることで、生産を維持してきた。しかし、最近雇用労働力も高齢化しており、その確保が次第に困難になりつつある。今後の果樹農業の構造再編を進める上では、雇用労働力の安定的な確保も重要な課題となっている。

(4) 販売戦略と経営の安定化

　果樹産地の縮小、後継者不足の背景には国産果実のへ需要の減退と価格の低迷がある。特に、高齢化による消費減や若い世代の果物離れなどによって果実の需要減退は長期化すると予想されている。また、輸入果実との競合が原因で今後も価格の低迷が続くと思われている。

　一方、従来果樹産地はほとんど特定品種に特化した大量出荷を行っていた。しかし、その場合作業時期が集中するだけでなく、価格変動が大きく、経営が不安定になりがちである。

　こうした現状に対して、果樹産地にとってはマーケットの変化に対応し、従来の市場出荷と異なる販路を開拓することで、収益を確保する必要がある。特に新規参入者を受け入れる場合、早期の経営安定化が定着できるかどうかを左右する。事例に取りあげた総社もも出荷組合は、果実消費量の減少と消費者の低価格嗜好が続く中で、高価格果

実の市場規模が縮小していくことを見据え、これまで贈答用に特化した販売戦略を見直し、多品目、多販路の生産体制を構築できた。

いずれにしても、マーケットの変化を踏まえた生産販売体制の確立が果樹産地の新規参入者の経営安定につながり、定着のカギを握ると考える。

注
（1）2003年から2012年までは岡山県の単独事業によって支給されていたが、2012年以降は条件を満たした研修者は青年就農給付事業（現・農業次世代人材投資事業）を活用している。
（2）岡山県担い手育成総合支援協議会は岡山県、岡山県農業会議、JA全農おかやま、岡山県農林漁業担い手育成財団、日本政策金融公庫岡山支店、岡山県土地改良事業団体連合会、岡山県農業共済連合組合、岡山県畜産協会、JA岡山中央会（事務局）などから構成される。
（3）15歳以上65歳未満の者が含まれる。
（4）岡山県が実施した県単独事業であり、就農を前提とする研修者に年間150万円の手当を支払うものである。
（5）高齢農家が栽培していた既存園は、ブドウ棚は約170cm、身長180cmのSY氏は作業が困難であったという。
（6）総社市農業委員会「総社市賃貸料情報」（2017年度）によれば、秦地区が位置する西部地域における平均賃借料は、田が5,200円/10a、畑が6,200円/10aとなっている。詳細は下記を参照されたい。http://www.city.soja.okayama.jp/data/open/cnt/3/756/1/H29tinsyakuryou.pdf
（7）調査時に出荷組合が実施した意思調査によれば、「今後5年、10年園地をどうするか」という問いに対し、「元気なうちに少しずつ木を伐採し更地にする」と答える専業農家の割合が高かったという。
（8）ハウスを建設する場合、約250万円/棟がかかると言われており、経営をスタートさせるにはおおよそ1,000万円が必要である。しかし、市場価格が安定するため、就農後の収入はモモより確保しやすいというメリットもある。

第5章
総括と展望

本章では、これまでの分析を踏まえ、第1章から第4章までの要約と論点整理を行ったうえで、残された課題について述べる。

1　各章の要約と論点

本書での問題意識は、第1に近年青年層新規就農者は新規雇用就農者と新規参入者を中心に増加しており、とりわけ新規参入者は将来にわたる地域農業の担い手として存在が高まりつつある。新規参入者への就農及び経営発展にかかわる地域での支援がより重要になっている。第2に、就農後経営が軌道に乗らない新規参入者が一定数で存在し、その主な要因は就農後の支援が不十分であり、そのため就農後経営発展につながる支援体制の構築が求められる。第3に新規参入者が点的存在から地域（産地）を支える担い手にまで成長した例が各地で見られるようになっており、彼らの成長プロセスと産地の維持・発展の実態を解明する必要があることを論証することにあった。

各章の概要は以下の通り。

第1章では、新規参入者を含めた新規就農者における近年の動向を分析し、全国農業会議所等の調査を用いて新規参入者を中心に就農段階別の課題を分析した。そのうえ、政府のこれまでの新規参入に関する支援制度を振り返って、そして農協（JAグループ）における新規就農（新規参入）支援の方針及び取り組み状況を整理した。さらに既

往研究をレビューし、これまでの研究は新規参入の障壁や公的、民間支援の実態に関する分析のほか、新規参入者の個別的な経営展開が中心であり、地域の担い手となっている事例での経営発展及び支援策の研究がほとんどないことを明らかにした。

統計等の分析では、近年青年新規就農者の増加が鈍化しているなか、新規参入者は新規雇用就農者とともに、人数もシェアも伸ばしている。また、青年就農給付金事業（現・農業次世代人材投資事業）をはじめ、公的機関や関連団体による支援の充実が進んできている。しかし、新規参入者の就農実態は依然として厳しい状況にある。5割〜7割の新規参入者が就農時に「農地の確保」、「資金の確保」、「営農技術の習得」で苦労し、就農直後は「技術の未熟さ」が最大の課題であり、そして5年目以降では経営発展にともなう新たな「資金不足」「労働力不足」等が課題となっている。また、農地の実態をみると、都府県の新規参入者はほとんど借地で就農するが、就農後に規模拡大する者とそうでない者に二分化する傾向がある。こうしたことから、新規参入者は就農時とその後とでは直面する課題が異なり、とりわけ、就農後においては経営問題が中心となるため、経営の発展につながる支援が特に必要であると考える。

以上を踏まえ、本書での新規参入者による地域農業の展開と支援策について実態分析の課題は、以下の諸点である。

第一は、新規参入者への支援は、生産者による民間組織、JAなど多様な主体により実施されているが、各主体の支援の特徴を検討する。とりわけ就農後における支援の内容とその効果がどのようなものかを事例を用いて分析する。

第二に、新規参入者の経営発展プロセスという視点から、その経営確立及び拡大の過程などを分析し、新規参入者が地域の担い手に成長

するメカニズムを解明する。

　第三に、長らく新規参入支援に取り組んできた地域では、新規参入者が蓄積し、担い手の補充だけでなく、地域農業・社会の様々な面に影響を与えるようになってきている。その新規参入者らの多岐にわたる地域での役割を明らかにする。

　第2章では、生産者組織が受け皿となり、継続的に新規参入支援に取り組み、新たな地域農業の担い手が育成された事例を考察した。高齢化や担い手不足等により、地域農業の維持（ひいては地域社会の維持）に危機感を抱いた生産者組織と行政（村役場・支所）が連携し、就農の準備、就農時、就農後の各段階に応じて、研修、農地、住宅、販路等を含めた総合的支援体制を構築した。その中でも、特に販路に合わせた営農指導システムの確立は就農後の所得確保につながり、新規参入者の経営安定及び地域への定着に大きな意味を持つ。また、新規参入者の就農後の各期間における経営展開プロセスを分析し、就農10年以内の新規参入者はほぼ年数にともなって売上高が増える傾向にあるが、それ以降は農地集積や労働力確保等の問題によって、経営状況が異なることがわかった。事例対象となった倉渕地域では長年にわたる新規参入支援によって、新たな担い手が育ち、しかもそれが点的な存在にとどまらない。2015年現在、新規参入者が31組（56名）就農しており、倉渕地域の専業農家の1/4、65歳未満の基幹的農業従事者の9割を占めるとともに、生産者組織の半数以上が新規参入者になったことは、新規参入者が層としてこの地域に根付いた証拠である。

　第3章では、農協（JA）が地域農業戦略に基づいて、新規参入者への独自の研修制度や様々な支援を備えた総合支援体制を構築し、担い手の育成に成功した事例を考察した。その特徴は、多様な新規参入者のニーズに対応するために地域の制度的、組織的、経済的、様々な

資源を活用することである。分析対象となったJA上伊那は、国や県の就農支援策が整備される以前より、新規参入者を農協の有給臨時職員として雇用し研修させる農業インターン研修制度を創設した。そして、就農時に関する公的機関支援制度が充実してきた後は、新規就農（参入）者を地域農業の担い手として位置づけ、通常の営農指導だけでなく、積極的に経営発展を目指す就農者を手厚く補助するなど、各就農段階の課題に対して実態に沿ったきめ細かい支援措置を講じてきた。また、地域の実情を踏まえ、各種資源を活用し、行政、関係機関だけでなく、集落営農組織（法人）やJA出資型法人、技術や経営面で優秀な農業者等、地域全体で新規就農（参入）支援を行ってきたのが特徴である。その結果2000年以降管内に就農した新規参入者が116人に上り、中には地域農業、地域社会を担うリーダーも誕生した。

第4章では、果樹の新規参入に焦点を当て、国・県の支援制度を活用しながら、作目の特徴に合わせた支援を行い、産地の維持・発展を図った2つの地域の事例を分析した。一つ目は、県の総合的な支援体制（就農促進トータルサポート事業）のもとで、農協（JA）の出荷組合（モモとブドウ）が新規参入者を受け入れ、農地確保、技術習得と販路開拓を含めた支援を行い、その結果、組合の販売ロット確保、組合員の若返りが実現され、産地が維持できた事例である。二つ目は、生産者が減少し産地が縮小する危機に直面するなか、JAが主体となって梨園を整備し、新規参入者に貸し付けることで新たな担い手を育成した事例である。果樹の特殊性から現行の公的支援制度ではカバーしきれない課題に如何に対応できるかが果樹における新規参入の鍵を握る。両事例とも、行政や関係機関と連携し役割分担しながら、JA（もしくはその出荷組合）が積極的に円滑な園地（成園）取得を進め、経営に見合う販路を確保する等の対応で新たな担い手の育成に成功した。

日本全国各地で新規参入者の受け入れが始まったのは、今から約30年前である。その背景には、高齢化が進み、後継者が不在となり担い手が不足する地域で、農外からの新規参入者に対する期待が高まったことがあった。近年、こうした早期から新規参入支援に取り組んだ地域では、新規参入者が層として形成され、地域農業再編の担い手となっている。本書に取りあげた事例は、いずれもこうした新規参入者が地域農業の再編を担う先駆的地域である。

2 残された課題

最後に、本書で残された課題を取り上げる。まず、定着した新規参入者層への支援についてである。本書で分析してきたように、近年新規参入者層が各地で形成されてきたにも関わらず、新規参入支援はまだ個別的な経営問題の範疇にとどまっている。しかし、地域農業の再編を担う存在となった以上、彼らへの育成・支援はまた質の違うものが求められると考える。今後新規参入者のネットワークづくりへのサポートを含めて、新規参入者層への支援の在り方について検討する必要があると思われる。また、近年雇用新規就農を経て、新規参入する人が増えている。しかし、その場合の課題及び支援策がどのように変化するのか、その検討も今後の研究課題としたい。

【引用・参考文献】

秋津元輝［1993］:「農業にとびこむ人たち―新規参入農業者の生活と農業観―」、『三重大学生物資源紀要』第9号
秋津元輝［1997］:「新規参入と「農」の変革」『農業と経済』第63巻第11号
秋津元輝［2010］:「農への多様化する参入パターンと支援」『農業と経済』第75巻第10号
五十嵐建夫［2005］:「新規就農相談窓口の実態と支援の多様化」『農業と経済』第71巻5号
和泉真理・横田茂永［2012］:『農業の新人革命』（JA総研研究叢書）、農山漁村文化協会
和泉真理・倪鏡［2015］:「新規就農支援の現場から―JAは何をするべきか―」『JC総研レポート』Special Issue特別号26基―No.1
和泉真理［2015］:「地方自治体とJAとの連携による新規就農支援の取組み（特集　地方自治と協同組合の関連性を考える）―（実践編）」『にじ　協同組合経営研究誌』650
和泉真理［2016］:「JAによる新規就農支援のポイント（特集　新規就農支援に向けたJAの取り組み）」『月刊JA』62（8）
和泉真理［2018］:『産地で取り組む新規就農支援』、筑波書房
板橋衛［2018］:「産地形成の新たな課題としての新規就農」『産地で取り組む新規就農支援』、筑波書房
稲本志良［1986］:「農業における新規参入―その背景と条件の考え方―」『農林金融』第39巻第12号
稲本志良［1988］:「農業経営の継続性と経営形態―後継農業経営者の新規参入と経営資源の継承を中心に―」『農業計算学研究』第21号
稲本志良［1992］:「農業における後継者の参入形態と参入費用」『農業計算学研究』第25号
稲本志良［2006］:「多様な新規参入と新しい農業の展開」稲本志良・桂瑛一・河合明宣編著『アグリビジネスと農業・農村―多様な生活への貢献―』放送大学教育振興会
今井裕作［2012］:「新規参入による就農者の確保と定着支援の在り方―島根県における集落営農での受入と半農半X就農を事例として―」『近畿中国四国農研農業経営研究』第23号
内山智裕［1998］「農外からの新規参入の展開と就農形態」『1998年度日本農業

経済学会論文集』

内山智裕・八木宏典［1998］「農村の受け入れ体制と新規参入」『Aff』第29巻第5号

内山智裕［1999］：「農外からの新規参入の定着過程に関する考察」『農業経済研究』第70巻第4号

内山智裕［2012］「経営継承・新規参入」日本農業経営学会編『農業経営研究の軌跡と展望』

梅本　雅［2012］：「野菜作における新規就農の課題と経営確立に向けた条件」『農業と経済』第78巻第11号

江川　章［1997］：「新規参入の実態と今後の課題」『農政調査時報』492

江川　章［1998a］：「農業外からの新規就農の受け入れ・支援に関するアンケート調査結果概要」全国新規就農ガイドセンター『農業外からの新規就農の受け入れ・支援に関するアンケート調査結果』

江川　章［1998b］：「新規参入の動向と受け入れ市町村の支援体制」『酪農ジャーナル』通巻607号

江川　章［1999］：「新規参入者に対する支援体制の現状と課題－全国市町村アンケート分析結果」『農業経営研究』第37巻第1号

江川　章［2000a］：「農業への新規参入」『日本の農業―あすへの歩み―』215、財団法人　農政調査委員会

江川　章［2000b］：「新規参入における農地確保の実態と課題」『農業と経済』第66巻第5号

江川　章［2002］：「新規参入にみる農業経営の創業と支援」『農林統計調査』第52巻第9号

江川　章［2003］：「新規参入における経営創業と支援」柳村俊介編『現代日本農業の継承問題』、日本経済評論社

江川　章［2004］：「新たな農業経営者に求められる資質－農業への新規参入を例として」『農業構造問題研究』第222号

江川　章［2005a］：「新規参入からみた農村社会の展望」田畑保・大内雅利編『農村社会史（戦後日本の食料・農業・農村第11巻）』、農林統計協会

江川　章［2005b］：「新規就農者の動向とその育成支援―農外からの新規参入者を中心として―」『農業法研究』第40号

江川　章［2011］：「JAによる新規就農の取り組みと課題」『月刊JA』57（12）

江川　章［2012］：「多様化する新規就農者の動向と就農支援の取組体制」『農林金融』第65巻第11号

菅野直樹・小松泰信・横溝　功［2013］：「高級果樹産地における新規就農者の定着条件―生食外用生産に活路を求めて―」『農林業問題研究』第49巻第2号

岸　康彦［1986］：「農業への新規参入者を追って」『農業・農村・農家の実態と問題点シリーズ』NO5、地域社会計画センター

岸　康彦［2002］：「高まる新規参入の潮流とその意義」『農林統計調査』第52巻第9号

岸　康彦［2003］：「多様化する『帰農』とその社会的意義－新規就農問題の新局面」『農業研究』第16号

岸　康彦［2006］：「食と農の現在―世紀をまたぐ10年の鳥瞰図―（第1部　食の現在）」『農業研究（日本農業研究所研究報告）』第19号

岸　康彦［2007］：「食と農の現在―世紀をまたぐ10年の鳥瞰図―（第2部　農の現在（食料・農業・農村基本法の時代））」『農業研究（日本農業研究所研究報告）』第20号

澤田　守［1997］：「新規参入者対策の成果と課題―愛知県を事例として―」『関東東海農業経営研究』第88号

澤田　守［2003a］：「新規就農者の農業研修の現状と課題」『農業経営研究』第41巻第1号

澤田　守［2003b］：『就農ルート多様化の展開理論』、総合農業研究叢書第47号、農林統計協会

澤田　守［2011］：「フランチャイズ型農業における新規参入の特徴と課題」『2011年度日本農業経済学会論文集』

澤田　守［2012a］：「新規就農の現状と課題―経営確立の視点から―」『関東東海農業経営研究』第102号

澤田　守［2012b］：「新規就農の現状と定着に向けた課題」『近畿中国四国農研農業経営研究』第23号

志賀永一［1987］：「新規参入に関する事例研究―リース農場事業をめぐる問題点―」『北海道大学農業経営研究』13号

品部義博［1987］：「『新規参入』農業者の諸類型と就農実態」『農政調査時報』第364号

島　義史・関野幸二・迫田登稔［2002］：「新規参入における経営資源取得過程の相違」『農業経営研究』第4巻第2号

島　義史［2009］：「農業公社主導の新規参入支援における課題」『農業経営研究』第47巻第1号

島　義史［2014］:『新規農業参入者の経営確立と支援方策―施設野菜作を中心として―』農林統計協会
高津英俊［2007］:「新規参入者による有機産地づくりと新規就農支援に関する一考察　JAやさと「ゆめファーム新規就農研修制度」を事例に」『農業経営研究』第43巻第1号
田畑　保［1994］:「新規参入の動向と新規参入対策―北海道浜中町の事例を中心に―」『農総研季報』第21号
田畑　保［1996］:「新規参入対策―農外からの就農促進と農村活性化」田畑保・村松功巳・両角和夫編『明日の農業を担うのは誰か―日本農業の担い手問題と担い手対策―』、日本経済評論社
田畑　保［1997］:「新規参入をめぐる問題状況と新規参入対策の課題」『農業と経済』第63巻第11号
田畑　保［1999］:「新規就農の新しい動きと就農支援の課題」『公庫月報：AFCforum』第47巻第9号（第589号）
坪井伸宏［1978］:「農業への新規参入と農協・信用補完制度」『農業信用保険』第13巻第3号、農業信用保険協会、
原（福与）珠里［2002］:「新規参入者のサポートネットワーク形成における「後見人」の意味」『農業経営通信』211
藤栄　剛・江川　章［2003］:「農業における新規参入者の経営成長要因」『2003年度日本農業経済学会論文集』
藤栄　剛［2009］:「農業への新規参入過程における借入制約と資金調達」『彦根論叢』第379号
松木洋一［1992］:『日本農林業の事業体分析』日本経済評論社
山本淳子［2011］:『農業経営の継承と管理』、総合農業研究叢書65
「食料・農業・農村白書」(各年版)
全国新規就農相談センター［2002］:『新規就農者（新規就農者）の就農実態に関する調査結果―平成14年度版―』、全国農業会議所
全国新規就農相談センター［2007］:『新規就農者（新規就農者）の就農実態に関する調査結果―平成18年度版』、全国農業会議所
全国新規就農相談センター［2011］:『新規就農者（新規就農者）の就農実態に関する調査結果―平成22年度版』、全国農業会議所
全国新規就農相談センター［2014］:『新規就農者（新規就農者）の就農実態に関する調査結果―平成25年度版』、全国農業会議所
全国新規就農相談センター［2017］:『新規就農者（新規就農者）の就農実態

に関する調査結果―平成28年度版―』、全国農業会議所
全国農業会議所（全国新規就農相談センター）［2018］：『新規就農支援事例集
　　―平成29年度新規就農支援事例調査―』
全国農業協同組合中央会［2015］：「第27回JA大会決議」
全国農業協同組合中央会［2011］：「新規就農支援対策の手引き」
全国農業協同組合中央会：「全JA調査」(各年度)
農林水産省［2018］：「平成29年新規就農者調査」
農林中金総合研究所［2014］：『新規就農を支える地域の実践―地域農業を担
　　う人材の育成―』農村金融研究会（編集）、農林統計出版

新規参入者の継続的参入・定着と地域農業の活性化
―「地域農業を担う新規参入者」へのコメント―

吉田俊幸

（一般財団法人農政調査委員会理事長・高崎経済大学名誉教授）

地域農業の活性化・再編という視点からの新規参入者に関する研究

「地域農業を担う新規参入者」が示すように、地域農業の維持・再編という新たな視点から接近した新規参入者に関する調査・研究である。本書の調査事例は、多数の新規参入者が継続的に参入し、定着しているとともに地域農業の活性化・再編にも積極的である。本書では、新規参入者が継続的に参入の動きがある地域を対象に新規参入者の動機、経営実態等及び、地域での支援体制の在り方を検討するとともに地域農業の活性化・再編との関連についても分析している。

本書によると、従来までの調査・研究は、第一が新規参入者の性格、就農動機や参入時の支援の在り方を踏まえた類型化とその特徴についての研究である。第二が、新規参入を農業への「創業」と位置付け、「支援」と「創業」の関係性及び創業支援の方向性について研究である。第三が、就農後の経営、生活問題を検討することを通じて、就農後のフォローアップの内容に関する研究である。第四が、新規参入者の創業後の経営展開と地域との関係の研究である。なお、この点に関する研究蓄積は限られていると指摘している。

本書は、従来までの調査・研究を踏まえ、新規参入者に関する第一から第三の新規参入者の就農動機、参入時の「創業」支援の在り方及び就農後の経営、生活問題等に調査事例を踏まえた分析を行っている。

同時に、「研究蓄積が少ない」第四の新規参入者の創業後の経営展開と地域との関係及び新規参入者が継続的に参入する地域での地域農業の活性化・再編という視点からの接近が本書の大きな特徴である。

(注) 先行の調査・研究の具体的内容については、本書で論じており、具体的な引用等を重複するので記述しない。

新規参入者の継続的参入には地域農業戦略が必要

　ところで、農業就業人口の減少と高齢化の進展の下で、農業と農村社会の存続と持続的発展のために新規就農者の確保・育成が重要な課題となっている。新規就農者の確保・育成のために、青年就農給付金制度（現・農業次世代人材投資事業）が導入され、さらに、新規就農センター等による就農斡旋が全国、県等で実施されている。

　ところが、本書で指摘するように、新規就農者数は2007年をピークに減少傾向にあり、近年、5.5万人から6万人、うち49歳以下は2万～2.2万人で推移している。この数で推移するならば、農地の荒廃化、農業生産の減少等が進展し、農業・農村社会の存続が懸念される状況にある。

　新規就農者には、①新規自営農業就農者（いわゆる農家の跡継ぎ）、②新規雇用就農者（法人等への雇用者）、③新規参入者の3種類がある。

(注) その他に農業に参入した農外企業や外国人研修生、外国人技能実習生が別途、存在する。

　新規就農者のうち、新規自営農業就農者数は、17年では全体の約75%である41,520人であり、近年、4万から5万人の間を推移している。一方、10年間の推移をみると新規雇用就農者は、1.44倍の10,520人（全体の19%）、新規参入者は2.08倍の3,640人（全体の7%）である。さらに、49歳以下の新規就農者をみると、新規自営農業就農者が減少傾向にあるのに対し、新規雇用就農者と新規参入者は大幅な増加である。17年には、新規自営農業

就農者が49％なのに対し、新規雇用就農者が7,960人、38.3％であり、新規参入者が3,640人、17.5％であり、両者で50％を超えている。したがって、農業・農村の持続的な発展にとって、新規雇用就農者や新規参入者の果たす役割が大きくなっている。

　新規雇用就農者と新規参入者とでは、就農の方法、就農にともなうリスク及び地域農業への影響がことなっている。

　新規雇用就農者は、就職先の一つとして農業法人を選択するもので、経済的リスクは存在しない。法人が雇用する目的は、労働力不足の解消もしくは規模拡大のための労働力確保である。なお、新規雇用就農者は、3年で約3～5割が離職・転職しているといわれており、農業の技術、経営を担う人材の安定的な確保につながるとは言い難い。

　一方、新規参入者は、農業経営を開始するための資金や技術力が必要であり、経営のリスクをともなう。新規参入者は、農業経営体の増加を意味し、地域内に継続的に参入することを通じて、地域農業の再編にもつながる。

　ところで、新規参入者を含めた新規就農者の就農は、個人による職業選択や個人による農業創業という行為である。そのため、新規参入者の個別の動機・経営発展等が新規参入者の調査・研究の中心となってきた。

　しかし、農村・地域農業は個別の農業経営体の集合であり、個別経営体は、地域農業の構成要素である。新規参入者が継続的に参入・定着と地域農業の維持・再編とは相互に関連し合っている。したがって、新規参入者を含めた新規就農者の支援・育成のためには、地域農業の維持・再編あるいは産地づくりという戦略が必要である。同時に、その戦略のもとで、新規参入者を位置づけるとともに地域連携・ぐるみの支援・育成システムが必要である。事実、本書の事例のように、農業の振興・再編（夢）のある地域に新規参入者が継続的に参入・定着しているのである。

　なお、全国農業会議所の新規就農者に関する調査も、調査・研究の実態を反映して、就農時の課題、支援及びその経営動向が主たるものであり、

地域農業の展開・再編という視点からの項目がほとんどない。

本書の特徴は、新規参入者への支援、個別の経営展開と課題に加えて地域農業の展開と再編という視点、つまり「地域農業を担う新規参入者」からの調査・研究なのである。

新規参入者による地域農業の維持、再編——調査事例

本書の事例は、新規参入者が継続的に参入し、地域農業を担う存在となっている。

事例となった地域をみると、高崎市倉渕地区（旧倉渕村）では、新規参入は1990年代からはじまり、2000年以降、毎年2名前後、継続的に参入している。15年現在、38組の新規参入者が就農している（だだし、残りの3組は他地域で就農している）。新規参入農家は、販売農家の10％、専業農家の26.7％、65歳未満の基幹的農業従事者の43.8％を占めている。

新規参入者は、有機野菜生産農家であり、旧村内の有機野菜生産農家54戸中、31戸が新規参入農家であり、経営面積をみると、新規参入者が34.5ha、地元農家22.1haである。

新規参入者は地域農業の中核、後継者となり、有機野菜の産地形成において大きな役割を果たしている。

JA上伊那では、中山間地域での労働力減少と高齢化の進展のもとで地域農業の維持の視点から新規参入者を含む新規就農者を組織的に受入れをし、育成している。JA上伊那は、経済・営農事業では全国的なモデルとなる農協である。農協が中心的な役割を担う農業インターン研修制度における82人の研修生のうち63人が地域内で就農している。また、農業インターン研修制度は、開始以来、16年間、新規就農者が確実に増加しており、担い手の確保、農地利用の促進（農地の維持・保全）、そして産地の維持・再編に重要な役割をはたしてきている。その結果、新規就農者は「年間500万円から2,000万円の売上があり、…販売では3.6億円、購買では1.7億円が増

えたと推測され」、農協の農産物販売、事業において一定の地位を占めている。近年では、全国各地から新規参入者がやってくるようになった。

次は、果樹地帯での新規参入者を積極的に受入・育成することによって、果樹産地を維持・再生をめざしている事例である。鳥取中央農協では2000年以降、梨産地の維持のため、モデル梨園の整備とととともに新規参入者を支援・育成している。18名が研修し、7名が梨を栽培している。また、岡山県総社市奏果樹組合は、ネオマスカットの有力産地であったが、現在では最盛期の1/4の規模に縮小した。産地を維持し、活性化するために、2010年から販売高2億円を維持することを目標とし3名の新規参入者を受け入れる計画である。そのため、組合内に参入を支援する担い手班を結成した。総社もも出荷組合は、組合員が最盛期の半分に減少しているなかで、産地と販路の再編に着手した。岡山県の伝統的な贈答用に加え、関東地区の中堅スーパーや千疋屋、タカノとの取引を開拓するとともに新しい販路に対応できる新規参入者の受入を積極的に開始した。

以上のように、新規参入者が継続的に参入によって、地域農業の維持もしくは活性化を実現し、目指している。

地域での総合的支援体制による継続的な新規参入者の受入

事例では、多くの新規参入者が継続的に参入・定着しているが、その要因を、地域での総合的支援体制の整備にあることを筆者は指摘している。総合的支援体制は、新規農業参入の支援に関する重要な論点である。その特徴をコメント的に解説すると、まず、行政（公）と農協、出荷組織（協）と地域農業者（民）が連携する教育・支援・アドバイス等の包括的なシステムである。その内容は、就農前の研修から就農の支援、その後の経営確立及び地域住民として認知されるまでの期間を継続的に支援する総合的な体制である。いわば、継続的で地域連携型総合的支援体制（本書では総合支援体制）である。もちろん、支援体制において国、県からの助成、たと

えば青年就農給付金制度（現・農業次世代人材投資事業）や新規就農センター等を積極的に活用している。以下のように総合的支援体制について実態に則して整理している。

旧倉渕村では、有機農業の生産・販売組織である「くらぶち草の会」が中心となり、行政（合併前村、現在は高崎市倉渕支所）が連携して、新規参入者の受入の可否、研修等の支援を行っている。同時に、農業研修の受入と日常的なアドバイスは、草の会のメンバーである。就農における農地・住宅の斡旋等は、行政と草の会が中心であり、就農後の技術指導と販売は草の会であり、栽培技術や様々な営農・生活のアドバイスは、草の会とそのメンバーとなっている。

JA上伊那では農業インターン研修制度が新規参入者を含めた新規就農者に対する包括的な育成の柱である。農業インターン研修制度は、農協が中心となり、農業改良普及センター、市町村等の関係各機関との連携のもとで運営されている。同時に、農業インターンでの研修とともに実践的な研修は県の里親制度で認定された農業者が担っている。なお、JAの営農指導担当者が各研修生の意向、営農計画に沿ってカリキュラムを作成することも特徴である。

その他、果樹産地では果樹の生産維持と再生という明確な産地戦略に基づいて新規参入者を地域連携のもとで支援・育成をしている。

岡山県総社市では、市独自の「就業奨励金支給事業」を実施し、研修は、そうじゃ地食べ公社、JA岡山西及び農業普及指導センターが営農相談と体験研修事業を行う。体験研修においては、希望する果樹の種類に応じて出荷組合及び農業士等が農業普及指導センターとともに新規参入者に指導を行うとともにアドバイスを行っている。

以上のように、多くの新規参入者が継続的に参入・定着している本書の事例では、公・協（共）・民の連携した総合的な地域連携型支援体制が整備されていた。しかも、中心的な存在である出荷組織・農協が地域農業・

産地化戦略のなかに新規参入者を位置づけている。同時に、就農後も新規参入者に対する指導・販売を継続することを通じて、参入者の農業所得を確保している。

新規参入者の最大の経営課題は「所得が少ないこと」

　ところで、「新規就農者の就農実態に関する調査結果」（全国農業会議所、2016年）によると、新規参入者が就農時の課題は、「農地の確保」、「資金の確保」、「営農技術の習得」である。就農後になると、3つの課題に加え、所得問題が最大の課題となっている。調査結果によると、「所得が少ないこと」を課題としているのは、「就農1～2年目」では54.6％、「3～4年目」では59.6％、「5年目以上」では56.2％であり、新規参入者の半数以上である。

　さらに、同調査によると新規参入者の平均農業所得は109万円であり、「1・2年目」が54万円、「3・4年目」が117万円、「5年目以上」が191万円となっている。

　農業所得別にみると、「0円未満」が15.7％、「0円」が14.5％であり、赤字か「所得なし」が30.2％を占めている。次いで「1～50万円」が14.1％、「50～100万円」が16.7％なので、50万円未満が44.3％、100万円未満が61％を占め、300万円以上が9.8％にすぎない。

　とくに、「1・2年目」では、0円以下が39.5％、50万円未満が57.6％、100万円未満が75.8％も占めている。「1・2年目」の農業所得は、一部を除いて、全体として極めて低い水準にある。さらに、「5年目以上」になっても、300万円以上が21.3％にとどまり0円以下が18％、50万円未満が27.1％も存在している。

　また、同調査によると、「概ね農業所得で生計が成り立っている」が24.5％にすぎない。就農後の経過年数別にみると、「農業所得で生計が成り立っている」のは、「1・2年目」が14.6％、「3・4年目」が24.9％、「5

年目以上」が48.1％と低い水準にある。なお、不足分の補填方法は「青年就農給付金」が41.3％（「１・２年目」が72％）、「農外収入」が21.9％となっている。

　以上のように、本書でも指摘している通り、「所得の低さ」つまり「農業所得で生計が成り立たない状況」を克服することが、新規参入者の増加と定着する上での課題となっている。

農協・出荷組織の農産物販売システムによる新規参入者の所得確保
　事例の旧倉渕村、JA上伊那等では、新規参入者の所得確保を含めた様々な経営問題を克服している。本書によると、その要因は、地域連携型総合支援体制の中心を担っている農協・出荷組織が、地域農業や産地づくりの戦略をもち、マーケットインに基づいて農産物の生産・販売を行っていることである。新規参入者への技術指導・支援・育成は、地域農業と販売戦略に基づいている。この点も本書の重要な指摘であり、「草の会」による産地戦略と販売を軸とした新規参入者の所得確保と技術向上の仕組みは、他の地域にも示唆を与える内容となっている。

　まず、「草の会」は、有機農業の推進・産地化という明確な戦略をもち、新規参入者の育成もその戦略の一環である。その結果、旧倉渕村の新規参入者は、平均売上高は486.7万円、同時期の露地野菜の新規参入者の売上360万円の1.35倍、500万円以上が半分以上を占めている。注目すべきは、就農１年目から新規参入者は、200〜300万円以上の農業収入を確保している点である。

　農産物販売ルートは、以下の三類型である。第一が「草の会」を通じた独自の栽培基準に基づく契約栽培のルート（有機農産物の大手宅配業者（２業者）、生協（２生協）、中堅スーパー（２社）、第二が、草の会の代表者が窓口となる中堅スーパーのルート、第三が学校給食、農産物直売所や小口の小売・デパート及び生産者による直売である。

第一のルートが主力であるが、いずれの業者の取り引きについても、厳しい栽培基準のもとで、作物、数量（出荷日単位）、価格が決まっており、契約内容を確実に実行することが求められている。スーパーとの取引でも栽培基準に基づく契約取引であり、1週間単位で作物、数量、価格が協議して決定されている。いわゆるイン・ショップ方式である。

　新規参入者の殆どが就農と同時に草の会のメンバーとなり、以上の契約栽培による販路で農産物を販売する。そのため、新規参入者（予定）は研修時において、一般的な栽培技術の取得だけではなく、「草の会」や研修先の指導に基づいて、販路先となる業者との契約による栽培基準と規格を含めたシステムを習得する。研修後には、新規参入者は契約栽培に基づく販路と作物を選定する。契約栽培を確実に実行するための技術のアドバイス等は、「草の会」が継続的に担う。以上のシステムによって、新規参入者には、安定的な販路と販売数量・価格が保障され、農業所得が確保されるのである。

　同時に、研修時において、契約栽培を遂行できる技術の取得が目標となり、就農後も「草の会」は、新規参入者に対して契約栽培を実行するための実践的な技術指導が継続される。新規参入者は草の会が所有する機械・施設を利用できるとともに他のメンバーからの支援により、機械投資を最小限にとどめることができるのである。

　なお、近年、新しい販売ルートとしてはスーパーオオゼキとの直接取引である。草の会の取引と比べ栽培基準がゆるやかであり、生育状況や経営実態に合わせて出荷量が調整できるメリットがある。15年現在、生産者9名うち7名が新規参入者である。新規参入者が二つの組織に所属するかは両組織代表者、草の会幹部、新規参入者の話し合いで決定している。

　その他、新規参入者は契約栽培を遵守した上で、学校給食、農産物直売所や小口の小売・デパート及び生産者による直売がある。このルートは、契約栽培を遵守するためには、各メンバーは、不作を想定して契約数量を

やや上回る数量を生産しており、豊作時の販路が必要となる。そのための出荷数量の調整する意味でも必要なルートであり、メンバーが消費者ニーズを把握する上でも魅力のあるルートである。

　以上の契約栽培及び独自販売によって、新規参入者は、就農直後より農産物売上と所得を得ることができ、栽培技術を向上し、機械投資を最小限にすることができるのである。

　JA上伊那も、中山間地域での各農産物の生産と販売先を維持する視点から新規参入者を含めた新規就農者を安定的、継続的に確保をすることが営農・販売の戦略の一つとして位置づけている。同時に、マーケットインの視点から各農産物について多様な販路を確保している。たとえば、JA上伊那では米の９割は全農を経由しているが実需者との契約による取引である。

　事例では、果樹農家は、スーパー（２社）との契約栽培、直売所及び個人宅配である。野菜と米の複合経営は、トマトは直売所であり米は農協（当農協は９割が農協直売）である。野菜農家はキャベツはカット野菜業者との契約栽培、クレソンは農協と販路について協議中である。野菜作法人は、９割が農協出荷、１割が直売所である。農協は、法人と協力して、新規参入者向けの花卉の団地を建設し、産地の競争力を強化している。

　農協は市場出荷だけではなく契約栽培を含めた多様な販路を確保している。同時に、新規参入者に対して、農協の重点野菜、生産増をめざす作物、新規開発野菜等の販売と価格が見通せる作目を研修で栽培技術を習得させており、就農時から売上高が確保できる。その結果、「新規参入者を含めた新規就農者は年間500万円から2,000万円の売上があり、…販売では3.6億円」となっている。以上のように新規参入者をはじめとする新規就農者は、JAによって農業振興と販売戦略に基づく販路のなかから選択することができるのである。

新規参入者の希望者の増加と面接等による希望者の選定

　継続的に新規参入者が定着することによって、地域への新規参入の希望者が増加している。そして、希望者に対して、事前に面接等により選定していることも重要なポイントである。

　旧倉渕村へは、有機農業の産地で、新規参入者が定着しているという評判により、毎年、数件以上の問い合わせが役場の支所、草の会等にあるという。問い合わせのあった時、複数回の現地訪問をすすめる。希望が固まった場合には、「草の会」と行政の担当者が面接し、研修生としての受入の可否を決める。面接のポイントは、「研修の動機」「営農意欲」「農村に対する理解」等である。希望者に対する事前の調査と選別が倉渕村で新規参入者の90％を超える定着率を支えている。

　上伊那地区でも「新規就農の認知度が高まり、全国各地から新規参入者がやってくるようになった。早期に就農した新規参入者が上伊那地区に定着し、経営が順調に展開したことは新規参入者を呼び込むことにつながっている」。さらに、上伊那農協は茨城県農業専門学校（鯉淵学園農業栄養専門学校）と市との間で新規就農者に関する3者協定を締結した。

　希望者は、JA、普及センター、行政の窓口で相談した場合、その情報が各関係機関に共有される。希望者の意志が確認された場合、JA、市役所、普及センターが面談する。その内容は、動機、経歴、希望する作目、研修内容、経営形態等多様である。その面談内容に沿って研修内容とサポート体制を構築する。新規参入者・就農者は、その定着率が高く、参入者の事例では、リンゴ部会の会長や集落営農組合のリーダーになっている。

　以上のように、旧倉渕村とJA上伊那では、新規参入者の希望者が増加しているが、事前の面接を通じて、希望者を選定している。このことが、新規参入者の就農・定着率の高さにつながっている。

就農後の経営展開と農地の確保

　筆者が「研究蓄積が少ない」と指摘していた「新規参入者の創業後の経営展開と地域との関係」について、複数回の調査に基づく旧倉渕村での検討は、新規参入者の経営展開についての新たな内容を提起している。まず、「新規参入農家の経営展開」では、就農後1〜9年の新規参入者18名の就農年数と売上高との関係を整理している。それによると、就農3年未満では売上高150〜450万円であり、基本的には300万円前後の水準である。就農年数の増加にともない売上高が徐々に伸びていき、就農後3〜6年になると売上高350〜670万円の水準となり、7年以上になると、550〜800万円であり、全て500万円を超えている。

　さらに、就農後7年以上の経営耕地規模の動きをみると、新規参入後5〜8年までの間では面積を拡大しているが、それ以降、面積を縮小している。「初期の量的拡大から経営の質的な拡大に転換」していることを8戸の新規参入者の実態調査で明らかにした。就農後数年の間は、技術水準にみあった作目を中心とした少品目生産であり、売上高を拡大するためには面積の拡大が主要な手段となっている。技術が向上するにつれて、価格水準の高い品目の導入等による多品目生産に変化し、農地の回転率を高めているからである。本書の**表2-10**（62ページ）をみると、大部分の農家は10品目以上であり、50品目を超える例もあり、少ない農家でも5〜8品目である。少品目生産から高価格・多品目生産へ転換することを通じて単位面積当たりの売上高を向上させているのである。さらに、条件のよい農地を借り換えていることもある。以上のように多数の新規参入者の経営展開に基づき類型化に成功している。

　JA上伊那の事例でも就農年数後数年で経営内容の質的な変化が報告されている。SY氏も、就農直後の果樹の販売方法は、農協経由の市場出荷の共販が中心であったが、就農7年を過ぎると農協経由であってもスーパーとの契約栽培、個人宅配、直売所、加工等に販売先を変化させた。栽培品種

を50品種に増やし、8ケ月の出荷期間を維持し、労働力の分散を図っている。

OZ氏もトマト、米から野菜作、集落営農への参加等、就農後、経営の質的な変化を遂げた。

有機農業、果樹、複合経営と作目は違うが新規参入者は、就農直後の少品目生産から就農数年後になると、高価格多品目もしくは多角化経営へ転換することを実証している。就農直後では、新規参入者は技術水準に見合った少数の作目を中心とした経営を行うが、技術水準が向上しマーケティング力が身につくと、多品目化と経営の多角化をすることによって高収益の追求と作期の延長を実現しているのである。同時に、「草の会」やJA上伊那は、経営の転換を可能とするだけの販売力と技術の指導力を有している。同時に、販路の維持・拡大のためにも新規参入者の経営転換が必要とされているのである。

新規参入者への農地斡旋の主流は農協、出荷組合、研修先

農地確保の方法についての変化も興味深い報告がある。倉渕の場合、就農時では、草の会及び研修先からの斡旋が主流であり、農業委員会の斡旋は従であった。しかも、遊休農地の割合が全体の6割を占めている。就農年数が経過するにつれて、草の会、農業委員会に加え、「周辺農家を通じての紹介や、自ら地主と交渉する」例が増加している。農地も遊休農地が多いが、参入者が農地の状況を踏まえて借入を判断するようになる。

JA上伊那でも、SY氏の借入農地は、果樹団地の一角であり、JAと役場が管理していた果樹園である。さらに、就農後になると、隣接農地を規模縮小した農地を借入した。OZ氏については研修先でもありまた地域のリーダが、農地の斡旋、貸付を行っている。

以上のように、新規参入者への農地は、農業委員会等の公的機関よりも研修先である「草の会」「農協」「研修先農家」の斡旋が主流となっている。新規参入者が継続的に参入し定着している旧倉渕村やJA上伊那地域でも、

文字通りの新規参入者への農地貸付には、当初地元住民には抵抗があり、地元で顔がみえる、信用のある「草の会」「農協」「地元有力者」の仲介が必要なのである。就農後数年を経て、新規参入者が地元での信用を勝ち取ると、農地の借入のネットワークが拡大するのである。農地の斡旋についても「地域連携型総合的支援体制」が機能しており、必要なのである。

なお、一般企業の農業参入の場合でも、全国的に有名な大企業であっても、市町村の紹介があったとしても農地の借入に苦労していることが報告されている。たとえば、「各事例企業では、耕作放棄地解消事業を積極的に利用する。…農業参入企業の参入初期の農地確保と耕作放棄地解消を目指す政策の相性はよい」(大仲克俊『一般企業の農業参入の展開過程と現段階』農林統計出版)のである。

今後、新規参入者等の新規就農者が、地域農業の維持・再編にとって重要な存在となるが、農地を確保するには、農地中間管理機構等の公的な機関よりも農協、「生産組織」「地元の農家」等の斡旋や地域の合意がはたす役割が大きいのである。

地域の担い手としての新規参入者

事例では、新規参入者を地域農業及び地域の担い手として位置づけており、研修時から地域に溶け込むことを研修内容に組み込んでいる。この点も重要なポイントである。新規参入者への研修内容も技術の習得だけではなく、地域農業の担い手及び農村社会の将来のリーダーとしての資質や知識も学ぶことも含まれている。

旧倉渕村の研修では「(草の会は)研修時から地域のイベント・行事や冠婚葬祭、清掃活動に積極的に参加するなど」の地域社会に溶け込む助言も研修内容に含まれている。また、新規参入者は、「草の会」の会合や契約栽培の取引先の研修等にも参加している。その結果、新規参入者も就農後、数年を経ると、集落等の役員を引受けている。

JA上伊那インターン制度の研修生は、JA臨時職員であり、「毎日、JAの朝礼に出席することが義務づけられ、営農指導員と当日の研修内容を協議し、研修を受ける」システムである。以上のように、インターン制度時代において技術研修だけではなく新規参入者がJA職員を含めて地域への溶け込むことを配慮している。

　事例のSYは、研修時から里親農家やJAの職員からよく面倒をみてもらったことから「（村）の行事、村民運動会や寄り合いなどはもちろん、農業者の活動に積極的に参加した」。就農3年目に宮田村「村農業者クラブ会長」、現在、JA青壮年部宮田村支部長、JA上伊那果樹部会副支部長等の役員を歴任している。さらに、新規就農者の研修指導農家にもなっている。

　野菜とコメの複合農家であるOZ氏も就農時から集落営農組織の活動に積極的に参加し、2年前より組織の代表に就任した。同時に、新規参入者の里親となり、2名の新規参入者を地元集落に就農させている。

　つまり、二つの地域では、農業労働力の減少、農村の過疎化のもとで、新規参入者は個人の就農、経営発展のサポートを重視するとともに新規参入者を地域農業と農村を支える担い手として位置づけ、その役割を期待しているのである。二つの地域は、多くの新規参入者と既存の農家・住民とがともに歩む農業・農村づくりと言えよう。

　旧倉渕村へは、有機農業の産地と新規参入者の定着との評判が相乗効果となり、全国的にも流通業界でも評価されている。上伊那地区でも、JA上伊那の高い評価を得ている営農経済事業と新規就農者の参入・定着の相乗効果により全国から新規参入者の希望者が増加し、鯉淵学園農業栄養専門学校との連携につながったのである。

　以上の諸点は、新規参入者を含む新規就農者の育成について幾つかの課題を示唆している。新規就農者は個人の農業への職業選択・農業創業である。個人に着目した就農の動機・決意、就農支援、参入後の経営展開、支

援が行政の支援及び調査・研究の中心であった。しかし、新規就農や新規参入自体は、個人の選択であるが、参入するのは特定の地域であり、地域も参入者が選択するのである。旧倉渕村や上伊那では産地としての地域の魅力と新規参入者の定着とを兼ね備えている。つまり、新規参入者にとって、地域連携型の総合的支援体制が整備されたと同時に地域農業の活性化、再編つまり地域農業に「ゆめ」があるのである。その結果、個別経営の発展と地域農業の展開・再編とが相乗的な効果を生んでいる。二つの地域では、新規参入者が継続的に参入と地域農業の再編とが相互に影響しあって、両者が発展している。その中核的な組織が地域連携型の「総合的支援体制」である。

　日本の現状をみると新規参入者を含む新規就農者を大幅に増加させることが課題である。二つの地域の例は、多くの新規参入者を支援・育成するには、地域農業・農村の活性化、再編の戦略をもち、その戦略のなかに「地域農業を支える」新規参入者を含む新規就農者を位置づけ、総合的な支援体制を整備することが必要なことを示している。まさに、「地域農業を支える新規参入者」の育成であり、そのためには地域農業の戦略と活性化が必要なのである。

　新規参入者をはじめとする新規就農者の定着と個別経営の発展と地域農業・農村の活性化とは相互依存及び相乗関係にある。意欲的な農業者の存在には地域農業の展開があり、地域農業の展開には意欲的な農業者の存在がある。新規参入者等の新規就農者について個別経営の視点からの分析、対策のみに焦点があてられていたが地域農業の戦略・活性化との関連から分析・対策が求められている。さらに新規参入者等については地域の視点からみると、農業専業だけではなく兼業農業者も視野に入れるべきである。地方創生、６次産業化という面からも多様な経営形態を想定すべきである。本書は、新規参入について地域という新たな視点からの接近の第一歩である。

あとがき

　本書の多くは、筆者がJC総研（現日本協同組合連携機構）在職中に取り組んだ新規就農（新規参入）に関する調査研究をまとめたものである。ただし、第2章をはじめ、一部は既発表の論文をもとに、加筆・修正した内容となっている。その部分に関してはデータの新規性が若干劣るものの、特定の調査地への継続的な観察や、経営類型の比較といった点では研究の新規性があるものと考えている。

　なお、各章と旧稿との関係は以下の通りである。
第1章　書き下ろし。
第2章　第1節、第2節と第3節は、「新規参入者を育成する生産者組織―群馬県倉渕地域の事例を中心に―」（『農―英知と進歩』（NO.296）（一財）農政調査委員会）をもとに加筆・修正したもの。第4節は書き下ろし。
第3章　書き下ろし。
第4章　第1節、第2節と第3節は書き下ろし。第4節、第5節は「新規就農支援の現場から―JAは何をするべきか―」『JC総研レポートSpecial Issue 特別号26基No.1をもとに加筆・修正した。
第5章　書き下ろし。

　本書の出版にあたっては、多くの農業者、関係機関、研究者のご協力を得た。その方々の協力がなければ、本書は決して実を結ぶことはなかった。
　まず、JC総研（現日本協同組合連携機構）から本書を出版する機会をいただいたことに、心から感謝の意を表したい。在籍中に、今村奈良臣元研究所長（東京大学名誉教授）をはじめ、水卜祐之元常務、菊地登常務、（故）松岡公明元常務、吉田成雄元部長、小林元元マネージャー（現広島大学助教）、

小川理恵マネージャー、及び同僚の方々には大変お世話になった。

　研究の上では、高崎経済大学大学院時代の指導教官であった吉田俊幸先生（高崎経済大学名誉教授）には、在学中はもちろんのこと、卒業してからも言葉では語り尽くせないほどのご指導をいただいた。また、本書を取りまとめる際には、博士課程同期の平林光幸氏（現農林水産政策研究所主任研究官）からは数多く貴重な知見、助言をいただいた。

　そして、本書の刊行にあたり、筑波書房の鶴見治彦社長に多大なご支援・ご協力を賜った。

　実は、本書の執筆中に研究環境の変化や健康問題などで何度も挫折をしたが、その都度周りの方々から温かい励ましの言葉をいただいた。そのおかげで、不十分な内容ではあるが、本書を世に出すことができた。紙面を借りて、この機会にすべての方に厚く御礼申し上げたい。

　最後に、私事に触れるが、異国の地で育児協力してくれた両親、そして常に筆者を励ましてくれた夫に心から感謝したい。

2019年5月

倪鏡

著者紹介

倪鏡（にい　じん）

1976年	中国内モンゴル生まれ
1999年	内モンゴル大学外国語学院日本語学部卒業
2003年	高崎経済大学大学院地域政策研究科前期博士課程修了
同　年	高崎経済大学大学院地域政策研究科後期博士課程入学
2007年	高崎経済大学大学院地域政策研究科博士号（地域政策学）取得
同　年	一般社団法人 農山漁村文化協会
2011年	一般社団法人 JC総研
2016年	全国農業協同組合中央会（JC総研出向）
2017年	高崎経済大学地域政策学部非常勤講師

※本書は、一般社団法人日本協同組合連携機構（旧・JC総研）の研究事業の一環として発行するものです。

地域農業を担う新規参入者

2019年9月1日　第1版第1刷発行

著　者　倪　鏡
監修者　吉田　俊幸
発行者　鶴見　治彦
発行所　筑波書房
　　　　東京都新宿区神楽坂2－19 銀鈴会館
　　　　〒162－0825
　　　　電話03（3267）8599
　　　　郵便振替00150－3－39715
　　　　http://www.tsukuba-shobo.co.jp

定価はカバーに示してあります

印刷／製本　中央精版印刷
©倪鏡 2019 Printed in Japan
ISBN978-4-8119-0558-7 C3061